새 출제기준·NCS 교육 과정 완벽 반영

한식 조리기능사 실기시험

한은주 지음
조리교육과정연구회 감수

BM (주)도서출판 성안당

저자 약력

한 은 주

세종대학교 대학원 조리외식경영학과 박사 졸업(조리학 박사)
현) 한국폴리텍대학 강서캠퍼스 외식조리과 교수
조리기능사, 조리산업기사, 조리기능장 실기 채점위원

자격사항	국가공인 조리기능장 / 식품기술사 / 미위생사 NRA
	영양사 / 한식, 양식, 중식, 일식, 복어, 제과, 제빵, 떡제조,
	조리산업기사 / 아동요리 지도사 / 바리스타 등 자격 취득
수상	2020 전국 와일드푸드 요리경연대회 대상 수상(농림축산식품부장관상)
	2017 식품의약품안전처장상 수상
	2014 대한민국 국제요리경연대회 은상 수상
경력	전) 호원대학교 식품외식조리학부 겸임교수 / 전) 원광디지털대학교 한방건강학과 초빙교수
	전) 광주대학교 식품영양학과 외래교수 / 전) 우송대학교 외식조리학과 외래교수
학회	동아시아식생활학회 정회원 / 한국조리학회 정회원
협회	대한민국 조리기능장협회 회원 / 식품기술사협회 회원
	식품 & 외식산업연구소 이사 / 전북음식연구회 이사
저서	양식조리기능사 필기·실기 외 다수

조리교육과정연구회 감수위원

김호석	가톨릭관동대학교 조리외식경영학전공 학과장
박종희	경민대학교 호텔외식조리과 교수
장명하	대림대학교 호텔조리과 전임교수
한은주	한국폴리텍대학 강서캠퍼스 외식조리과 교수

여는 글

최근 경제성장과 함께 생활수준이 높아지고 소득수준이 향상됨에 따라 외식 빈도도 증가하고 있다. 또한 고령화, 1인 가구와 혼밥족의 증가, 맞벌이 가정의 증가 등으로 외식 수요의 증가에 힘입어 외식 업체도 증가하였다.

음식점의 증가는 외식산업의 성장에 힘입은 바 크며, 타 산업과 접목한 식문화의 확산으로 전문 조리사에 대한 수요는 앞으로도 계속 증가할 것으로 생각된다. 또한, 각종 매체 등의 영향으로 조리사에 대한 청소년의 선호도가 커지고 관련 교육기관들도 증가하고 있어 전문 조리사의 배출 또한 많아질 것으로 생각된다. 이렇듯 선호되어지고 증가 추세에 있는 조리사에 대한 수험서를 저술하게 되어 저자 또한 반가운 일이라 생각한다.

저자는 조리와 관련된 일에 종사한 지도 30년이 되어간다. 그동안 배우고, 익히고, 느끼고, 개발하고, 활용한 조리에 관련된 모든 축적된 노하우를 나름대로 정리하여 한식조리기능사 실기 수험서에 고스란히 기술하였다.

다년간의 현장 실무 경험과 교육 경험, 감독 경험 등을 토대로

1. 지급 재료 사진은 물론
2. 과정마다의 상세한 설명과 자세한 사진을 실었고
3. 조리 시 범하기 쉬운 실수 방지용 유용한 TIP과
4. 감독자의 시선에서 바라본 채점 포인트
5. 간편 요약집을 부록으로 기술하였다.

조리기능사는 조리에 입문하는 첫 번째 국가기술자격증이다. 기본 기술이 반복적으로 훈련되다 보면 응용 기술은 저절로 익혀지리라 생각한다. 이 수험서를 토대로 한식 기술을 익히고 나아가 조리사로서 동서양을 넘는 다채로운 외식 메뉴의 진화와 음식문화의 변화에 발맞춰 성장하는 행복한 조리사가 되는 꿈에 도전해보자.

바로 오늘부터 이 수험서와 함께….

끝으로 이 책이 나오기까지 애써주신 성안당 이종춘 회장님 이하 임직원분들과 편집부 직원들께 진심으로 감사를 드린다.

저자 한은주

한식조리기능사 실기시험

CONTENTS

31가지 레시피

우리나라는 삼면이 바다로 둘러싸여 있고 사계절의 구분이 뚜렷한 온대기후에 속하여 농사와 축산에 적합한 기후적 특성을 갖고 있다. 또한 대륙과 해양에서 문화를 받아들이고 전해줄 수 있는 반도국가로서의 지리적 위치로 인해 다양한 음식문화가 발달하였다. 예로부터 계절에 따라 생산되는 생선, 곡류, 두류, 채소 등을 사용하여 다양한 부식을 만들었고 장류, 김치, 젓갈 같은 발효식품을 만들어 저장해 두고 먹었다. 절기에 따라 명절 음식과 계절 음식을 만들었고, 지역마다 특산물을 활용한 향토 음식도 발달하였다. 한국 음식문화의 특징은 준비된 음식을 한상에 모두 차려놓고 먹는데 밥을 주식으로 하고, 부식으로 반찬을 곁들인다. 또한 국물이 있는 음식을 즐기며, 반찬의 조리법으로 찜, 전골, 구이, 전, 조림, 볶음, 편육, 숙채, 생채, 젓갈, 장아찌 등의 다양한 조리법이 있다. 간장, 파, 마늘, 깨소금, 참기름, 후춧가루, 고춧가루, 생강 등의 갖은 양념을 사용하며, 음양오행에 따라 오색 재료나 오색 고명을 사용한다.

한식조리기능사 실기시험

한식요리 기초이론

한식조리기능사 실기시험 안내

실기시험 응시 전 준비사항

수험자 유의사항 공통

한국 음식의 개요

한식 조리기능사 실기시험

한식조리기능사 실기시험 안내

한식조리기능사 실기시험 안내

1 **자격명** : 한식조리기능사

2 **영문명** : Craftsman Cook Korean Food

3 **관련부처** : 식품의약품안전처

4 **시행기관** : 한국산업인력공단(http://q-net.or.kr)

　　　　※ 과정평가형 자격 취득 가능 종목

5 **시험수수료**

　　● 필기 : 14,500원　　　● 실기 : 26,900원

6 **출제경향**

　　● 요구사항의 내용과 지급된 재료로 요구하는 작품을 시험시간 내에 만들어 내는 작업

　　● 주요 평가내용 : 위생상태 및 안전관리, 조리기술(재료 손질, 기구 취급, 조리하기 등), 작품의 평가, 정리 정돈 등

7 **시행처** : 한국산업인력공단

8 **시험과목**

구 분		시험과목	비고
시험과목	필기시험	한식 재료관리, 음식조리 및 위생관리	국가직무능력표준(NCS)을 활용하여 현장직무 중심으로 개편
	실기시험	한식조리 실무	

9 **검정방법** : ● 필기 : 객관식 4지 택일형, 60문항 (60분)

　　　　　　　● 실기 : 작업형 (70분 정도)

10 **합격기준** : 100점 만점에 60점 이상

수험자 지참 준비물

1 2023년 한식조리기능사 지참준비물 목록

번호	재료명	규격	단위	수량	비고
1	가위	–	EA	1	
2	강판	–	EA	1	
3	계량스푼	–	EA	1	
4	계량컵	–	EA	1	
5	국대접	기타 유사품 포함	EA	1	
6	국자	–	EA	1	
7	냄비	–	EA	1	시험장에도 준비되어 있음
8	도마	흰색 또는 나무 도마	EA	1	시험장에도 준비되어 있음
9	뒤집개	–	EA	1	
10	랩	–	EA	1	
11	마스크	–	EA	1	※ 위생복장(위생복, 위생모, 앞치마, 마스크)을 착용 하지 않을 경우 채점대상에서 제외(실격)됩니다.
12	면포/행주	흰색	장	1	
13	밀대	–	EA	1	

번호	재료명	규격	단위	수량	비고
14	밥공기	–	EA	1	
15	볼(bowl)	–	EA	1	
16	비닐팩	위생백, 비닐봉지 등 유사품 포함	장	1	
17	상비의약품	숟가락골무, 밴드 등	EA	1	
18	석쇠	–	EA	1	
19	쇠조리(혹은 체)	–	EA	1	
20	숟가락	차 스푼 등 유사품 포함	EA	1	
21	앞치마	흰색(남·녀 공용)	EA	1	
22	위생모	흰색	EA	1	※ 위생복장(위생복, 위생모, 앞치마, 마스크)을 착용하지 않을 경우 채점대상에서 제외(실격)됩니다.
23	위생복	상의 : 긴소매(흰색) 하의 : 긴바지(색상 무관)	벌	1	
24	위생타월	키친타월, 휴지 등 유사품 포함	장	1	
25	이쑤시개	산적꼬치 등 유사품 포함	EA	1	
26	접시	양념접시 등 유사품 포함	EA	1	
27	젓가락	–	EA	1	
28	종이컵	–	EA	1	
29	종지	–	EA	1	
30	주걱	–	EA	1	
31	집게	–	EA	1	
32	칼	조리용 칼, 칼집 포함	EA	1	
33	호일	–	EA	1	
34	후라이팬	–	EA	1	시험장에도 준비되어 있음

※ 큐넷(Q-net)의 수험자 지참준비물 규격이 변경되었습니다.

준비물	변경 전	변경 후
칼 등 조리기구	길이를 측정할 수 있는 눈금 표시(cm)가 없을 것 (단, mL 용량 표시 허용)	제한 폐지 ※ 모든 조리기구에 눈금 표시 사용 허용
면보/행주	색상 미지정	흰색

위생상태 및 안전관리 세부기준 안내

순번	구분	세부기준
1	위생복 상의	• 전체 흰색, 손목까지 오는 긴소매 – 조리과정에서 발생 가능한 안전사고(화상 등) 예방 및 식품위생(체모 유입방지, 오염도 확인 등) 관리를 위한 기준 적용 – 조리과정에서 편의를 위해 소매를 접어 작업하는 것은 허용 – 부직포, 비닐 등 화재에 취약한 재질이 아닐 것, 팔토시는 긴팔로 불인정 • 상의 여밈은 위생복에 부착된 것이어야 하며 벨크로(일명 찍찍이), 단추 등의 크기, 색상, 모양, 재질은 제한하지 않음(단, 핀 등 별도 부착한 금속성은 제외)
2	위생복 하의	• 색상·재질 무관, 안전과 작업에 방해가 되지 않는 발목까지 오는 긴바지 – 조리기구 낙하, 화상 등 안전사고 예방을 위한 기준 적용
3	위생모	• 전체 흰색, 빈틈이 없고 바느질 마감 처리가 되어 있는 일반 조리장에서 통용되는 위생모(모자의 크기, 길이, 모양, 재질(면·부직포 등)은 무관)
4	앞치마	• 전체 흰색, 무릎 아래까지 덮이는 길이 – 상하일체형(목끈형) 가능, 부직포·비닐 등 화재에 취약한 재질이 아닐 것
5	마스크	• 침액을 통한 위생상의 위해방지용으로 종류는 제한하지 않음 (단, 감염병 예방법에 따라 마스크 착용 의무화 기간에는 '투명 위생 플라스틱 입가리개'는 마스크 착용으로 인정하지 않음)
6	위생화 (작업화)	• 색상 무관, 굽이 높지 않고 발가락·발등·발뒤꿈치가 덮여 안전사고를 예방할 수 있는 깨끗한 운동화 형태
7	장신구	• 일체의 개인용 장신구 착용 금지(단, 위생모 고정을 위한 머리핀 허용)
8	두발	• 단정하고 청결할 것, 머리카락이 길 경우 흘러내리지 않도록 머리 망을 착용하거나 묶을 것
9	손/손톱	• 손에 상처가 없어야하나, 상처가 있을 경우 보이지 않도록 할 것(시험위원 확인 하에 추가 조치 가능) • 손톱은 길지 않고 청결하며 매니큐어, 인조손톱 등을 부착하지 않을 것
10	폐식용유 처리	• 사용한 폐식용유는 시험위원이 지시하는 적재장소에 처리할 것
11	교차오염	• 교차오염 방지를 위한 칼, 도마 등 조리기구 구분 사용은 세척으로 대신하여 예방할 것 • 조리기구에 이물질(예 : 테이프)을 부착하지 않을 것
12	위생관리	• 재료, 조리기구 등 조리에 사용되는 모든 것은 위생적으로 처리하여야 하며, 조리용으로 적합한 것일 것
13	안전사고 발생 처리	• 칼 사용(손 빔) 등으로 안전사고 발생 시 응급조치를 하여야 하며, 응급조치에도 지혈이 되지 않을 경우 시험진행 불가

순번	구분	세부기준
14	부정 방지	• 위생복, 조리기구 등 시험장내 모든 개인물품에는 수험자의 소속 및 성명 등의 표식이 없을 것(위생복의 개인 표식 제거는 테이프로 부착 가능)
15	테이프 사용	• 위생복 상의, 앞치마, 위생모의 소속 및 성명을 가리는 용도로만 허용

※ 위 내용은 식품안전관리인증기준(HACCP) 평가(심사) 매뉴얼, 위생등급 가이드라인 평가기준 및 시행상의 운영사항을 참고하여 작성된 기준입니다.

위생상태 및 안전관리에 대한 채점기준 안내

순번	위생 및 안전 상태	채점기준
1	위생복(상·하의), 위생모, 앞치마, 마스크 중 한 가지라도 미착용한 경우	실격(채점대상 제외)
2	평상복(흰 티셔츠, 와이셔츠), 패션모자(흰 털모자, 비니, 야구모자) 등 기준을 벗어난 위생복장을 착용한 경우	
3	위생복(상·하의), 위생모, 앞치마, 마스크를 착용하였더라도 • 무늬가 있거나 유색의 위생복 상의·위생모, 앞치마를 착용한 경우 • 흰색의 위생복 상의·앞치마를 착용하였더라도 부직포, 비닐 등 화재에 취약한 재질의 복장을 착용한 경우 • 팔꿈치가 덮이지 않는 짧은 팔의 위생복을 착용한 경우 • 위생복 하의의 색상, 재질은 무관하나 짧은 바지, 통이 넓은 힙합스타일 바지, 타이츠, 치마 등 안전과 작업에 방해가 되는 복장을 착용한 경우 • 위생모가 뚫려 있어 머리카락이 보이거나, 수건 등으로 감싸 바느질 마감 처리가 되어 있지 않고 풀어지기 쉬워 일반 조리장용으로 부적합한 경우	'위생상태 및 안전관리' 점수 전체 0점
4	이물질(예 : 테이프) 부착 등 식품위생에 위배되는 조리기구를 사용한 경우	
5	위생복(상·하의), 위생모, 앞치마, 마스크를 착용하였더라도 • 위생복 상의가 팔꿈치를 덮기는 하나 손목까지 오는 긴소매가 아닌 위생복(팔토시 착용은 긴소매로 불인정), 실험복 형태의 긴가운, 핀 등 금속을 별도 부착한 위생복을 착용하여 세부기준을 준수하지 않았을 경우 • 테두리선, 칼라, 위생모 짧은 창 등 일부 유색의 위생복 상의·위생모·앞치마를 착용한 경우(테이프 부착 불인정) • 위생복 하의가 발목까지 오지 않는 8부 바지 • 위생복(상·하의), 위생모, 앞치마, 마스크에 수험자의 소속 및 성명을 테이프 등으로 가리지 않았을 경우	'위생상태 및 안전관리' 점수 일부 감점
6	위생화(작업화), 장신구, 두발, 손·손톱, 폐식용유 처리, 안전사고 발생 처리 등 '위생상태 및 안전관리 세부기준'을 준수하지 않았을 경우	
7	'위생상태 및 안전관리 세부기준' 이외에 위생과 안전을 저해하는 기타사항이 있을 경우	

※ 위 기준에 표시되어 있지 않으나 일반적인 개인위생, 식품위생, 주방위생, 안전관리를 준수하지 않았을 경우 감점처리 될 수 있습니다.

※ 수도자의 경우 제복+위생복 상·하의, 위생모, 앞치마, 마스크 착용 허용

채점기준표

1 실기시험 채점기준표

─── 계산 방법 ───

(실기시험 2가지× 45점) + (개인위생 3점, 조리(식품)위생·안전·정리정돈 7점) = 100점 만점 중 60점 합격

주요항목	세부항목	내용	배점	비고
위생상태	개인위생	위생복을 착용하고 개인 위생상태(두발, 손톱 상태)가 좋으면 3점, 불량하면 0점	3	공통 배점
	조리위생	재료와 조리기구의 위생적 취급	4	과제별 배점
조리기술	재료손질	재료 다듬기 및 씻기	3	
	조리조작	썰기, 볶기, 익히기 등	27	
작품평가	작품의 맛	너무 짜거나 맵지 않도록	6	
	작품의 색	너무 진하거나 퇴색되지 않도록	5	
	그릇 담기	전체적인 조화 이루기	4	
마무리	정리정돈	조리기구, 싱크대, 주위 청소 상태가 양호하면 3점, 불량하면 0점	3	공통 배점

※ 한식조리기능사 실기에서 다음 사항은 실격에 해당하여 채점대상에서 제외됩니다.

구분	내용
(가)	수험자 본인이 시험 도중 시험에 대한 포기 의사를 표현하는 경우
(나)	(1) 가스레인지 화구 2개 이상(2개 포함) 사용한 경우 (2) 불을 사용하여 만든 조리 작품이 작품 특성에 벗어나는 정도로 타게 ㅏ이지 않은 경우 (3) 위생복, 위생모, 앞치마를 착용하지 않은 경우 (4) 시험 중 시설·장비(칼, 가스레인지 등) 사용 시 시험위원 및 타수험자의 시험 진행에 위해를 일으킬 것으로 시험위원 전원이 합의하여 판단한 경우
(다)	(1) 시험시간 내에 과제 두 가지를 제출하지 못한 경우 (2) 문제의 요구사항대로 과제의 수량이 만들어지지 않은 경우

한식 조리기능사 실기시험

실기시험 응시 전
준비사항

1. 수험표를 출력하여 정해진 실기시험 일자와 장소, 시간을 정확히 확인한 후 시험 40분 전에 수검자 대기실에 도착하여 긴장을 풀기 위하여 화장실에 다녀온 후 대기실에서 기다린다.

2. 시험시작 20분 전에 가운과 앞치마, 모자 또는 머리수건(백색)을 단정히 착용한 후 준비요원의 호명에 따라 수험표와 주민등록증을 제시하여 본인임을 확인받고 등번호를 직접 안내에 따라 뽑은 후 등부분에 핀을 이용하여 꽂는다.

3. 준비요원의 안내에 따라 실기시험장에 입실하여 자신의 등번호 위치의 조리대에 위치한다.

4. 자신의 등번호와 같은 조리대에 개인 준비물을 꺼내놓고 정돈하면서 준비요원의 지시에 따라 시험 볼 주재료와 양념류를 확인하고 조리도구를 점검한다.

5. 조리대 위에 있는 실기시험문제를 확인한 후 심호흡을 길게 하여 심신을 안정시킨다.

6. 본부요원의 지시없이 임의대로 시작하지 않도록 하고 앞에서 말씀하시는 주의사항을 잘 듣고 실기시험에 응하도록 한다.

7 시험에 필요한 도구 미지참 시 본부요원에게 말해 도구를 대여한다.

8 지급재료목록표와 지급된 재료를 비교, 확인하여 부족하거나 상태가 좋지 않은 재료는 손을 들어 의사표시를 한 뒤 즉시 교체받도록 한다.

9 주어진 과제의 요구사항을 꼼꼼히 읽은 후 시험에서 요구하는 대로 작품을 만들어 정해진 시간 안에 등번호와 함께 정해진 위치에 제출한다.

10 작품을 제출할 때는 반드시 시험장에서 제시된 그릇에 담아낸다.

11 시험 도중에 옆 사람과 말을 하면 부정행위로 간주하고 퇴실을 당할 수 있으므로 어떠한 대화도 하지 않도록 한다.

12 정해진 시간 안에 작품을 제출하지 못했을 경우 시간초과로 채점대상에서 제외한다.

13 요구 작품은 2가지며, 1가지 작품만 만들었을 때에는 미완성으로 채점대상에서 제외된다.

14 시험에 지급된 재료 이외 미리 준비해간 재료를 사용해선 안 되고, 작업 도중 음식의 간을 보면 (2점) 감점된다.

15 불을 사용하여 만든 조리 작품이 익지 않았을 경우에는 미완성으로 채점대상에서 제외된다.

16 가스레인지 화구를 2개 사용한 경우는 채점대상에서 제외되므로 1개의 화구를 사용한다.

17 작품을 제출한 후 조리대, 씽크대 및 가스레인지 등을 깨끗이 청소하고, 음식물과 일반쓰레기는 따로 분리수거하도록 하며, 사용한 기구들도 다음 수험자를 위하여 깨끗이 제자리에 배치한다.

18 시험 도중 시설과 장비(칼, 가스레인지 등)의 사용이 타인에게 위협이 될 사항이 발생하여 감독위원 전원이 합의하여 판단한 경우 실격처리 된다.

19 혹, 감독위원과 눈이 마주치게 되면 무서워하거나 떨지 말고 가벼운 목례로 예의 있는 행동을 한다.

20 시험에 사수 떨어져 감독위원이 눈에 익더라도 인사를 하거나 말을 하면 안 된다.

한식 조리기능사 실기시험

공통 수험자 유의사항

1. 만드는 순서에 유의하며, 위생과 숙련된 기능평가를 위하여 조리작업 시 맛을 보지 않습니다.

2. 지정된 수험자 지참 준비물 이외의 조리기구나 재료를 시험장 내에 지참할 수 없습니다.

3. 지급된 재료는 시험 전 확인하여 이상이 있을 경우 시험위원으로부터 조치를 받고 시험 중에는 재료의 교환 및 추가지급은 하지 않습니다.

4. 요구사항의 규격은 '정도'의 의미를 포함하며, 지급된 재료의 크기에 따라 가감하여 채점합니다.

5. 위생복, 위생모, 앞치마를 착용하여야 하며, 시험 장비·조리도구 취급 등 안전에 유의합니다.

6. 다음 사항은 실격에 해당하여 채점대상에서 제외됩니다.

   (가) 기권
   - 수험자 본인이 시험 도중 시험에 대한 포기 의사를 표현하는 경우

   (나) 실격
   - 가스레인지 화구 2개 이상(2개 포함) 사용한 경우
   - 불을 사용하여 만든 조리 작품이 작품 특성에 벗어나는 정도로 타거나 익지 않은 경우
   - 위생복·위생모·앞치마를 착용하지 않은 경우

- 시험 중 시설·장비(칼, 가스레인지 등) 사용 시 감독위원 및 타수험자의 시험 진행에 위협이 될 것으로 심사위원 전원이 합의하여 판단한 경우

(다) 미완성
- 시험시간 내에 과제 두 가지를 제출하지 못한 경우
- 문제의 요구사항대로 과제의 수량이 만들어지지 않은 경우

7 항목별 배점은 위생상태 및 안전관리 5점, 조리기술 30점, 작품 평가 15점입니다.

8 시험 시 전 가벼운 몸풀기(스트레칭) 동작으로 긴장을 풀고 시험을 시작합니다.

실기시험 시험 안내

자격의 모든 **Q-Net**

hllp://www.q-net.or.kr/

한식 조리기능사 실기시험

한국 음식의 개요

한국 음식의 특징

우리나라는 삼면이 바다로 둘러싸여 있고 사계절의 구분이 뚜렷한 온대기후에 속하여 농사와 축산에 적합한 기후적 특성을 갖고 있다. 또한 대륙과 해양에서 문화를 받아들이고 전해줄 수 있는 반도국가로서의 지리적 위치로 인해 다양한 음식문화가 발달하였다. 예로부터 계절에 따라 생산되는 생선, 곡류, 두류, 채소 등을 사용하여 다양한 부식을 만들었고 장류, 김치, 젓갈 같은 발효식품을 만들어 저장해 두고 먹었다. 절기에 따라 명절 음식과 계절 음식을 만들었고, 지역마다 특산물을 활용한 향토 음식도 발달하였다. 한국 음식문화의 특징은 준비된 음식을 한상에 모두 차려놓고 먹는데 밥을 주식으로 하고, 부식으로 반찬을 곁들인다. 또한 국물이 있는 음식을 즐기며, 반찬의 조리법으로 찜, 전골, 구이, 전, 조림, 볶음, 편육, 숙채, 생채, 젓갈, 장아찌 등의 다양한 조리법이 있다. 간장, 파, 마늘, 깨소금, 참기름, 후춧가루, 고춧가루, 생강 등의 갖은 양념을 사용하며, 음양오행에 따라 오색 재료나 오색 고명을 사용한다.

한국 음식의 개요

우리 조상들은 삼국시대와 고려, 조선시대를 거치는 동안 대륙의 영향을 받으면서 우리에게 맞는 조리법이 확립되었는데, 크게 주식과 부식, 떡, 한과, 음청류로 구분할 수 있다.

1 밥

우리 음식의 가장 대표적인 것으로, 주식인 밥은 주로 쌀밥이나, 잡곡밥과 비빔밥 등 그 종류가 다양하다. 밥은 곡물을 물에 넣고 끓여서 수분을 충분히 흡수시켜 익힌 다음 뜸을 들이는데, 보통 백미의 경우 부피의 1.2배, 중량의 1.5배의 물을 붓고 밥을 짓는다.

2 국수

국수는 명절이나 잔치 때 손님 접대용으로 차리고, 보통 때에는 점심이나 간단한 식사로 차린다. 국수는 사용하는 곡물의 재료에 따라 밀국수, 메밀국수, 녹말국수 등으로 나뉘고, 먹는 온도에 따라 온면, 냉면으로 구분된다.

3 만두와 떡국

만두와 떡국은 간단한 주식으로 상에 내는 음식이다. 만두는 중국에서 유입되어 우리나라의 북쪽지방 사람들이 더 즐겨먹는 음식이며, 남쪽 사람들은 떡국을 즐겨 먹는다. 만두는 껍질의 재료와 속에 넣는 소, 빚는 모양에 따라 다양하다. 밀가루로 만든 것은 밀만두, 메밀가루로 만든 것은 메밀만두라 하고 주름이 없는 반달형의 만두는 병시, 해삼 모양으로 빚은 규아상, 사각형으로 빚은 편수, 둥근 모자 모양으로 빚은 개성편수, 또한 육류나 어류, 채소류를 섞어 둥글려 간편하게 만든 굴린만두가 있다. 떡국은 주로 가래떡을 만들어 어슷하게 썰어 육수에 넣고 끓인다. 충청도에서는 쌀가루 반죽을 빚어 생떡국을 끓이고, 흰떡을 누에고치처럼 만들어 끓이는 개성 조랭이 떡국이 있다.

4 죽, 미음, 응이

죽, 미음, 응이는 모두 곡류를 끓인 유동 음식이다. 죽은 우리 음식 중 일찍부터 발달한 것이며 곡물에 6~7배 가량의 물을 붓고 오래 끓여 완전히 호화시킨 음식으로, 잣죽, 전복죽, 깨죽, 호두죽, 녹두죽, 콩죽, 애호박죽, 표고버섯죽 등이 있다.
미음은 곡식을 푹 고아 체에 밭인 것이고, 곡물의 전분을 말려두었다가 쑨 묽은 죽을 응이라 한다.

5 탕, 국

밥이 주식인 우리 식생활에서 거의 빠지지 않고 밥상에 오르는 음식이 국이다. 국은 토장국, 맑은 장국, 곰국, 냉국으로 나뉘며, 설렁탕, 곰탕, 갈비탕 같이 밥을 말아먹는 국물 음식인 탕반도 있다. 국은 수조육류, 어패류, 채소류 등 거의 모든 재료가 사용된다.

6 찌개, 지지미, 강점, 조치

국보다 국물을 적게 하여 끓인 국물 요리를 찌개라고 하며 된장찌개, 고추장찌개, 젓국찌개 등이 있다. 찌개보다 국물을 많이 넣은 것을 지지미라 하고, 고추장으로 간을 한 찌개는 강점으로 불리었다.

7 전골과 볶음

전골은 전골틀을 이용하여 각종 채소와 버섯, 고기를 즉석에서 볶아 먹는 음식이며, 주방에서 볶아 접시에 담아 상에 올린 음식을 볶음이라고 한다. 전골냄비는 전립을 뒤집어 놓은 모양으로 가운데가 오목하여 육수를 담고, 가장자리는 평평하여 고기 등을 볶을 수 있다.

8 찜과 선

찜은 국물을 적게 하고 뭉근한 불에서 오래 익혀 만든 음식으로 육류, 어패류 등 동물성 식품을 주재료로 하고 채소와 달걀 등을 부재료로 한다. 쇠갈비찜, 사태찜, 닭찜, 돼지갈비찜, 도미찜 등이 있다. 특히 도미찜은 그 맛이 뛰어나고 모양이 아름다워 승기악탕으로 불리었다. 반면, 식물성 식품을 주재료로 하여 소고기 등을 넣어 찐 음식을 선이라고 한다. 호박선, 오이선, 가지선, 두부선 등이 있다.

9 구이와 적

구이는 우리나라의 조리법 중 가장 오래된 것으로 수조육류, 어패류, 채소 등을 불에 구운 음식이다. 오늘날 불고기로 불리는 너비아니구이는 소고기를 얇게 저며 양념하여 구운 것에서 그 이름이 유래한 것이며, 소금구이는 방자구이라고 하였다. 또한 소고기와 채소 등을 꼬치에 꿰어 구운 것을 적이라고 한다. 날 재료를 꿰어서 지지거나 구운 것을 산적, 재료를 꼬치에 꿰어 전을 지지듯 옷을 입혀서 지진 것을 지짐누름적이라 한다.

10 전유어와 지짐

전은 기름에 지졌다는 뜻으로 어육류, 채소 등에 간을 하여 밀가루와 달걀을 입혀 지져 낸다. 보통 전유어, 저냐, 전이라고 부르며, 지짐은 빈대떡이나 파전처럼 밀가루를 푼 것에 재료들을 섞어서 기름에 지져 낸 것이다.

11 나물과 생채

나물은 반상 차림에 가장 기본적인 찬으로 숙채와 생채를 총칭하나 일반적으로 숙채를 이르는 말이다. 나물은 거의 모든 채소를 익혀서 사용한다. 생채는 싱싱한 계절 채소를 초간장, 초고추장, 겨자장에 무친 것으로 산뜻한 맛이 특징이다. 생채의 재료는 날로 먹을 수 있는 모든 채소를 사용한다.

12 조림과 초

조림은 일상의 찬으로 소고기, 생선, 채소에 간을 약간 세게 하여 오래 익히는 음식이다. 초는 홍합과 전복 등을 약간 달고 윤기있게 조려내는 음식으로 밥반찬과 술안주에 적당하다.

13 회, 숙회, 강회

육류나 어패류, 채소류를 날것으로 먹는 회는 신선함이 중요하며 생선회, 육회, 소의 내장을 먹는 갑회, 송어회 등이 있다. 살짝 데쳐서 먹는 음식인 숙회는 어채와 두릅회 등이 있다. 강회는 가는 파 또는 미나리에 편육과 지단, 채소 등을 말아 초고추장에 찍어 먹는 음식이다.

14 편육

소고기나 돼지고기를 통째로 삶은 수육을 얇게 저민 것이 편육이다. 주로 양지머리나 사태를 쓰는 편육은 양념을 하지 않고 얇게 썬 고기 조각을 주로 초간장이나 새우젓국에 찍어 먹을 수 있어 담백한 맛으로 고기를 먹을 수 있는 조리법이다.

15 족편과 묵

족편은 육류의 힘줄, 껍질을 끓여 불용성 콜라겐을 수용성 젤라틴의 상태로 만들어 굳힌 것이다. 석이버섯, 달걀지단, 실고추 등을 고명으로 사용하여 양념간장을 찍어 먹는다. 반면 묵은 전분질을 풀로 쑤어 응고시킨 것으로 메밀묵, 도토리묵 등이 있다.

16 장아찌(장과)

제철 채소를 간장, 된장, 고추장, 식초 등에 절여 저장성을 높인 식품을 장아찌 또는 장과라고 한다. 장아찌는 먹기 전에 참기름, 설탕, 깨소금으로 조미해서 먹는다. 오이, 무숙장아찌처럼 익힌 것은 숙장아찌, 즉석에서 만들었다 하여 갑장과라고 한다.

17 튀각과 부각

튀각은 다시마, 미역 등을 기름에 바짝 튀긴 것이고, 부각은 김, 깻잎 등에 풀칠을 한 후 바짝 말려 튀긴 것이다. 튀각이나 부각은 튀겨서 먹는 밑반찬으로 제철이 아닌 때에 먹을 수 있는 별미 음식이다.

18 떡, 한과, 음청류

떡은 우리나라 사람에게 빠질 수 없는 음식으로 만드는 법에 따라 시루에 찌는 떡, 찐 떡을 절구에 치는 떡, 쌀가루를 반죽하여 모양을 빚는 떡, 지지는 떡 등이 있다. 떡은 각종 의례 음식이나 절식에 많이 사용한다. 한과는 곡물 가루에 꿀, 엿, 참기름, 설탕 등을 넣고 반죽하여 지지거나 조려서 만든 과자로 천연재료에 맛을 더하여 만들었다는 뜻에서 조과라고도 한다. 강정, 유밀과, 숙실과, 과편, 다식, 정과 등이 있다. 음청류는 술 이외의 음료를 총칭하며, 만드는 법에 따라 차, 화채, 수정과, 식혜 등이 있다.

한국 음식의 양념과 고명

'양념'이란 '먹어서 몸에 이롭기를 바라는 마음으로 여러 가지를 고루 넣어 만든다'는 뜻이 담겨 있다. 음식을 만들 때는 재료가 지닌 고유의 맛을 살리면서 음식의 특유한 맛을 내기 위해 여러 가지 재료를 사용하는데, 이러한 재료들을 양념이라 한다.

양념은 조미료와 향신료로 나눌 수 있다. 조미료는 짠맛, 단맛, 신맛, 매운맛, 쓴맛의 기본적인 맛을 내며 소금, 간장, 고추장, 된장, 식초, 설탕 등이 조미료이다.

향신료는 좋은 향을 지녔거나 매운맛, 쓴맛, 고소한 맛 등을 내며 식품 자체가 지닌 좋지 않은 향을 없애거나 감소시키고 특유의 향으로 음식의 맛을 더욱 좋게 한다. 향신료에는 생강, 겨자, 후추, 고추, 참기름, 들기름, 깨소금, 파, 마늘 등이 있다.

한국 음식은 다른 나라 음식보다 참기름, 깨소금, 파, 마늘, 고춧가루의 사용량이 많아 독특한 맛의 차이가 난다.

음식의 가장 기본적인 맛은 '짜다' 또는 '싱겁다'의 간을 내주는 '짠맛'을 내는 조미료이다. 소금과 장류인 간장, 된장, 고추장, 젓갈류인 새우젓 등이 쓰인다. 음식에 따라 가장 맛있게 느끼는 간은 농도가 다르다. 맑은국은 1% 정도, 맛이 진한 토장국이나 건지가 많은 찌개는 간의 농도가 더 높아야 하고, 찜이나 조림 등 고형물의 간은 더욱 강해야 맛있게 느껴진다.

양념

1 소금

음식의 가장 기본적인 맛을 내는 조미료이다. 종류로는 호렴, 재염, 재제염, 식탁염, 맛소금 등이 있다. 호렴은 입자가 굵으며 장을 담그거나 채소나 생선을 절일 때 사용된다. 호렴에서 불순물을 제거한 재염은 간장이나 채소, 생선의 절임용으로 쓰인다. 재제염은 희고 입자가 고운 소금으로 음식에 직접 간을 맞출 때 쓰이며 가정에서 가장 많이 사용한다.

2 간장

콩으로 만든 발효식품으로 음식의 맛을 내는 중요한 조미료이다. 요즘은 집에서 장을 담그지 않고 공장에서 제조하여 시판되는 제품을 쓰는 가정이 많아졌다. 음식에 따라 간장의 종류를 구별하여 사용해야 한다. 국, 찌개, 나물 등에는 국간장을 쓰고, 조림, 포, 볶음 등의 조리와 육류의 양념에는 진간장을 쓴다. 간장은 조미료만이 아니라 상에 올리는 초간장, 양념간장에도 사용하며 초간장에는 간장에 식초를 넣고 양념간장에는 고춧가루, 다진 파, 마늘을 넣는다.

3 된장

된장은 조미료일 뿐만 아니라 단백질의 급원식품이기도 하다. 재래식으로는 간장을 떠내고 남은 건더기가 된장이다. 근래에는 공업적으로 된장을 만드는데 콩과 밀을 섞어 발효시켜서 만든다. 된장은 주로 토장국이나 된장찌개의 맛을 내는데 사용하고, 상추쌈이나 호박잎쌈에 곁들이는 쌈장의 재료가 된다.

4 고추장

고추장은 한국 고유의 식품으로 간장, 된장과 함께 세계에서 유일한 맛을 내는 조미료이다. 고추장은 고춧가루, 메줏가루, 곡물가루, 소금,  물을 넣고 발효시켜 만든다. 탄수화물이 가수분해되어 생긴 단맛과 콩단백에서 오는 아미노산의 감칠맛, 고추의 매운맛, 소금의 짠맛이 조화를 이룬 조미료이며 기호식품이다. 고추장은 토장국이나 고추장찌개에 맛을 내고 생채나 숙채, 조림, 구이 등에 사용된다. 또한 초고추장이나 비빔밥 또는 비빔국수에 넣는 볶음 고추장도 만든다.

5 새우젓

새우젓은 작은 새우를 소금에 절인 젓갈로서 김치에 가장 많이 쓰인다. 소금 간보다 감칠맛을 내므로  국, 찌개, 나물 등의 간을 맞출 때도 쓰인다. 특히 호박, 두부, 돼지고기로 만든 음식과 맛이 잘 어울린다.

6 설탕, 꿀, 조청

설탕은 사탕수수나 사탕무의 즙을 농축시켜 만드는데 순도가 높을수록 단맛이 강하고 산뜻하다. 당밀  분을 포함한 흑설탕보다 정제도가 높은 백설탕이 단맛이 가볍다. 조청은 곡류를 엿기름으로 당화시켜 오래 고아서 걸쭉하게 만든 묽은 엿으로 누런색이고 독특한 향이 있다. 한과나 밑반찬용 조림에 많이 쓰인다. 꿀은 꽃의 꿀과 꽃가루를 모아서 만들며 가장 오래 이용한 천연 감미료이다. 꿀은 꿀벌의 종류와 밀원이 되는 꽃의 종류에 따라 색과 향이 다르다. 음식의 감미료보다는 과자, 떡, 정과 등에 쓰인다.

7 식초

식초는 음식의 신맛을 내는 조미료이다. 신맛은 음식에 청량감과 식욕을 증진시키고 소화액의 분비를 촉진하여 소화 흡수를 돕는다. 한  국 음식은 대개 차가운 음식에 식초를 넣는다. 생채와 겨자채, 냉국 등에 넣어 신맛을 낸다. 식초는 녹색의 엽록소를 누렇게 변색시키므로 푸른색 나물이나 채소에는 먹기 직전에 넣어 상에 낸다.

8 파

파는 자극성 냄새와 독특한 맛으로 향신료 중에 가장 많이 쓰인다. 굵은 파, 실파, 쪽파, 세파 등의 종류가 있고 나오는 계절이 다르다.  파의 흰 부분은 다지거나 채 썰어 양념으로 쓰이며, 파란 부분은 채 썰거나 크게 썰어 찌개나 국에 넣는다. 파의 매운맛을 내는 성분은 가열하면 맛이 부드러워지고 단맛이 강해진다.

9 마늘

마늘은 독특한 자극성 향기가 있으며, 특히 육류요리에 많이 쓰인다. 나물이나 김치 또는 양념장에 곱게  다져서 쓰고, 동치미나 나박김치에는 채 썰거나 납작하게 썰어 넣는다.

10 생강

생강은 매운맛과 쓴맛을 내며 어패류나 육류의 비린내를 없애는 작용을 한다. 생선이나 육류에는 처음부  터 넣는 것보다 재료가 어느 정도 익은 후에 넣는 것이 효과적이다. 생강은 음식에 따라 갈아서 즙만 넣고 곱게 다지거나 채로 썰거나 얇게 저며 사용한다. 향신료뿐 아니라 음료나 한과를 만들 때도 많이 쓰인다.

11 고추

고추는 풋고추와 홍고추로 나뉘며 대부분은 말려서 고춧가루로 빻아 김치와 고추장에 쓴다. 실고추는 주로 고명으로 쓴다.

12 후추

고려 중엽에 중국에서 들어와서 오랫동안 매운맛을 내는 향신료로 써 왔다. 우리나라에는 원래 매운맛을 내는 천초가 있었으나 후추가 들어온 이후 거의 쓰지 않게 되었다.

13 겨자

갓의 씨앗을 빻아서 쓰는데 가루 자체에는 매운맛이 나지 않으며 더운물로 개어서 따뜻한 곳에 두어 매운맛이 나게 한 다음에 쓴다. 매운맛이 나면 식초, 설탕, 소금으로 간을 맞추어 겨자채나 회에 쓴다.

14 기름

식물성 기름으로 참기름과 들기름을 주로 썼다. 궁중에서는 참깨로 만든 참기름을 음식에 두루 썼고 유과나 유밀과 만들 때도 많이 썼다.

15 깨소금

참깨를 잘 일어서 씻어 건져 번철에 볶아 식기 전에 소금을 약간 넣고 절구에 반쯤 빻아서 양념으로 쓴다. 볶은 깨를 빻지 않고 통깨로 쓰기도 한다. 비벼서 속껍질까지 벗긴 깨를 실깨라고 하는데 색이 희고 곱다.

고명

1 알고명

달걀의 흰자와 노른자를 나누어 거품이 일지 않게 풀어서 지단을 얇게 부친다. 채로 썰거나 완자형(다이아몬드 꼴) 또는 골패형(직사각형)으로 썰어서 웃기로 쓴다.

2 알쌈

소고기를 곱게 다져서 양념하여 작은 완자를 빚어 놓고, 달걀 푼 것을 번철에 떠서 둥글게 펴고 가운데 고기 완자를 놓고 반으로 접어서 반달 모양으로 부친 것이다. 신선로, 비빔밥, 찜 등의 고명으로 쓴다.

3 봉오리(완자)

소고기 살을 곱게 다지고 양념하여 콩알만하게 완자를 빚어서 밀가루를 묻히고 달걀을 씌워서 번철에 지진다. 신선로에는 작게 만들고 완자탕에 넣을 것은 약간 크게 한다.

4 미나리초대

미나리나 실파를 씻어서 가지런히 대꼬치에 꿰어 밀가루를 묻히고 달걀을 씌워서 번철에 지진다. 미나리적이라고도 한다. 신선로, 찜 등에 알맞은 모양으로 썰어 사용한다.

5 미나리

미나리를 씻어 잎을 떼고 다듬어 줄기만 4㎝ 길이로 잘라서 소금을 뿌려 살짝 절였다가 번철에 파랗게 볶아서 녹색 고명으로 쓴다. 실파를 대신 쓰거나 오이나 호박의 푸른 부분만 채로 썰어 볶아서 쓰기도 한다.

6 고추

고추는 실고추로 하여 나물이나 조림에 쓴다. 마른 고추 외에 통고추를 약간 굵게 채 썰어 고명으로 쓰기도 한다. 김치에는 대개 마른 고춧가루를 넣지만 여름철에는 통고추나 마른 고추를 물에 불려서 갈아 햇김치를 담그기도 한다.

7 버섯

표고, 목이, 석이, 느타리 등을 불려 볶아서 쓴다. 표고는 채 썰어 고명으로 쓰거나 찜이나 탕에 골패형이나 완자형으로 썰어서 쓴다. 작은 표고는 둥근 모양 그대로 전을 부치거나 찜의 고명으로 쓴다.

8 잣

잣은 백자, 실백자, 해송자 등으로도 불린다. 껍질을 벗기고 고깔을 떼어 마른 도마에 종이를 깔고 칼로 다진다. 잣가루는 기름이 스며 나와 잘 뭉치므로 종이에 펴서 기름에 배어 나오도록 하여 보송보송한 가루로 하여 쓴다. 궁중에서는 잣가루를 초장에는 물론 육회, 전복초 등에 고명으로 썼다. 단자나 주악, 약과 등 떡과 과자류에도 많이 쓴다. 통잣은 찜이나 전골 등에 쓰고, 떡이나 약식에도 넣으며 화채나 차 등의 음료에 띄운다.

9 호두, 은행

호두는 속살이 부서지지 않게 까서 더운물에 불려서 속껍질을 깨끗이 벗기고, 은행은 단단한 껍질을 까고 번철을 달구워 기름을 약간 두르고 볶아 마른 행주나 종이로 비벼서 속껍질을 벗긴다. 은행과 호두는 찜이나 신선로, 전골 등의 고명으로 쓴다.

참 / 고 / 문 / 헌

- 윤서석 외, 한국 음식문화, 교문사, 2015.
- 궁중음식연구원 지미재, 외국인도 빠져드는 한국밥상, 백산출판사, 2015.
- 전경철, 한식조리, 크라운출판사, 2015.
- 김옥란 외, NCS를 기반으로 한 한식조리, 지식인, 2015.
- 차경옥 외, 한국조리, 백산출판사, 2007.
- 한복진, 우리음식백가지2, 현암사, 1998.
- 신재용, 밥상 위에 숨은 보약 찾기, 삶과꿈, 1997.
- 한국산업인력공단 참고 자료

🔖 수험자 유의사항

❶ 만드는 순서에 유의하며, 위생과 숙련된 기능평가를 위하여 조리작업 시 맛을 보지 않습니다.

❷ 지정된 수험자 지참 준비물 이외의 조리기구나 재료를 시험장 내에 지참할 수 없습니다.

❸ 지급된 재료는 시험 전 확인하여 이상이 있을 경우 시험위원으로부터 조치를 받고 시험 중에는 재료의 교환 및 추가지급은 하지 않습니다.

❹ 요구사항의 규격은 '정도'의 의미를 포함하며, 지급된 재료의 크기에 따라 가감하여 채점합니다.

❺ 위생복, 위생모, 앞치마를 착용하여야 하며, 시험장비·조리도구 취급 등 안전에 유의합니다.

❻ 다음 사항은 실격에 해당하여 채점대상에서 제외됩니다.

  (가) 기권

   ● 수험자 본인이 시험 도중 시험에 대한 포기 의사를 표현하는 경우

  (나) 실격

   ● 가스레인지 화구 2개 이상(2개 포함) 사용한 경우

   ● 불을 사용하여 만든 조리 작품이 작품 특성에 벗어나는 정도로 타거나 익지 않은 경우

   ● 위생복·위생모·앞치마를 착용하지 않은 경우

   ● 시험 중 시설·장비(칼, 가스레인지 등) 사용 시 감독위원 및 타수험자의 시험 진행에 위협이 될 것으로 심사위원 전원이 합의하여 판단한 경우

  (다) 미완성

   ● 시험시간 내에 과제 두 가지를 제출하지 못한 경우

   ● 문제의 요구사항대로 과제의 수량이 만들어지지 않은 경우

❼ 항목별 배점은 위생상태 및 안전관리 5점, 조리기술 30점, 작품 평가 15점입니다.

❽ 시험 시 전 가벼운 몸풀기(스트레칭) 동작으로 긴장을 풀고 시험을 시작합니다.

한식 조리기능사 실기시험

31가지 레시피

밥 요리 / 죽 요리 / 국·탕 요리 /

찌개 요리 / 전·적 요리 / 생채·회 요리 /

조림·초 요리 / 구이 요리 /

숙채 요리 / 볶음 요리

비빔밥

조리시간
50분

이미 지은 밥을 비비기 좋은 큰 그릇에 담고 삼삼하게 무치거나 볶은 각종 나물, 고기 볶은 것 또는 육회, 다시마튀각 등을 올려놓고 양념장에 또는 고추장과 참기름을 넣고 비벼 먹는 밥으로 반찬이 마땅치 않을 때 한 끼 식사로 간단히 먹을 수 있는 음식이다. 농가에서 논밭이나 들에서 일하다가 새참으로 보리밥을 바가지에 담고 푸성귀 이것저것과 고추장을 넣어 비벼 먹던 들밥도 비빔밥의 한 뿌리로 해석된다. 비빔밥은 지역적 특성에 따라 전주비빔밥, 진주비빔밥, 해주비빔밥, 통영비빔밥, 안동 헛제사밥 등이 있다.

01

요 / 구 / 사 / 항

가. 채소, 소고기, 황·백 지단의 크기는 0.3×0.3×5㎝로 써시오.

나. 호박은 돌려깍기하여 0.3×0.3×5㎝로 써시오.

다. 청포묵의 크기는 0.5×0.5×5㎝로 써시오.

라. 소고기는 고추장 볶음과 고명에 사용하시오.

마. 밥을 담고 위에 준비된 재료들을 색 맞추어 돌려 담으시오.

바. 볶은 고추장은 완성된 밥 위에 얹어 내시오.

지 / 급 / 재 / 료 / 목 / 록

쌀(30분 정도 불린 쌀)	150g	**식용유**	30㎖
애호박(중 6cm)	60g	**대파**(흰 부분 4cm)	1토막
도라지(찢은 것)	20g	**마늘**(중, 깐 것)	2쪽
고사리(불린 것)	30g	**진간장**	15㎖
청포묵(중 6cm)	40g	**백설탕**	15g
소고기(살코기)	30g	**깨소금**	5g
건다시마(5×5cm)	1장	**검은 후춧가루**	1g
달걀	1개	**참기름**	5㎖
고추장	40g	**소금**(정제염)	10g

1_밥 짓기

지급받은 불린 쌀에 동량의 물을
부어 밥을 고슬하게 짓는다.

유용한 TIP • 물량을 쌀량과 동량으로 지어야 밥이 질지 않아요.

2_양념 다지기

세척한 파와 마늘을 곱게 다진다.

3_청포묵 썰어 데친 후
   양념하기

청포묵은 0.5×0.5×5㎝로 채 썰어
끓는 물에 데친 후 체에 밭쳐 물
기를 빼고 소금, 참기름으로 무쳐
둔다.

유용한 TIP • 청포묵은 소금, 참기름으로 무쳐둬야 서로 달라붙지 않아요.

4_호박 썰기

애호박은 돌려 깎기 하여 0.3×0.3
×5㎝로 채 썰어 소금에 살짝 절
인다.

유용한 TIP ● 호박이 적으면 두 번 돌려 깎기 하여 사용해요.

5_도라지 손질하기

도라지는 0.3×0.3×5㎝로 얇게
썰어 소금물에 담가 쓴맛을 제거
한다.

6_고사리 잘라 양념하기 및
소고기 채 썰어 양념하기

고사리는 길이 5㎝로 잘라 간장,
참기름으로 양념한다.
지급된 소고기 중 2/3는 핏물 제
거 후 얇게 채 썰어 진간장, 설탕,
다진 파, 마늘, 깨소금, 참기름, 후
추로 양념한다. 지급받은 소고기
1/3은 곱게 다져 약고추상용으로
사용한다.

 **만드는 방법**

7_약고추장 만들기

곱게 다져 양념한 소고기는 볶다가 고추장 넣어 약고추장을 만든다(고추장 농도가 너무 되직하면 물을 조금 섞어준다).

8_지단 부쳐 채 썰기

달걀은 황·백을 분리하여 지단을 부친 후 5cm로 채 썬다.

9_다시마 튀기기

다시마는 마른행주로 불순물을 제거한 후 기름에 바삭하게 튀겨 식힌 후 손으로 잘게 부순다.

유용한 TIP ● 다시마가 타지 않도록 기름 온도에 주의해요.

10_재료 볶기

팬에 기름을 두르고 애호박, 도라지, 고사리, 소고기 순으로 볶는다.

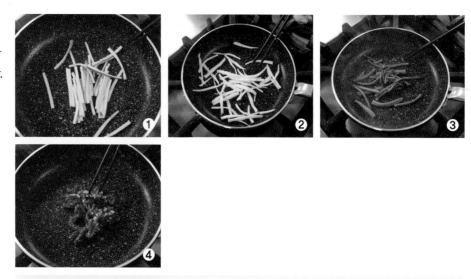

유용한 TIP ● 색이 연한 것부터 볶아야 재료의 색이 깨끗해요.

11_완성하기

완성 그릇에 밥을 담고 준비된 재료를 색 맞추어 담은 뒤 약고추장을 중앙에 올리고 위에 튀긴 다시마를 얹어 낸다.

유용한 TIP ● 그릇에 밥을 담은 후 중앙을 조금 눌러줘야 재료들이 미끄러지지 않아요.
● 재료들이 서로 마주 보이도록 담아야 색이 조화로워요.

1 밥 짓기
2 양념 다지기
3 청포묵 썰어 데친 후 양념하기
4 호박 썰기
5 도라지 손질하기
6 고사리 잘라 양념하기 및 소고기 채 썰어 양념하기
7 약고추장 만들기
8 지단 부쳐 채 썰기
9 다시마 튀기기
10 재료 볶기
11 완성하기

콩나물밥

조리시간
30분

콩나물밥은 가정에서도 손쉽게 만들어 먹는데 소고기를 넣고 지어 맛과 영양가를 좀 더 높이는 효과가 있는 밥이다. 최근에 곤드레밥이나 시래기밥집은 웰빙 효과를 높이는 음식점으로 관심을 받고 있다.

02

요 / 구 / 사 / 항

가. 콩나물은 꼬리를 다듬고 소고기는 채 썰어 간장 양념을 하시오.

나. 밥을 지어 전량 제출하시오.

지 / 급 / 재 / 료 / 목 / 록

쌀(30분 정도 불린 쌀)	150g	**마늘**(중, 깐 것)	1쪽
콩나물	60g	**진간장**	5㎖
소고기(살코기)	30g	**참기름**	5㎖
대파(흰 부분 4cm)	1/2토막		

수험자 유의사항

● 콩나물 손질시 폐기량이 많지 않도록 한다.

● 소고기는 굵기와 크기에 유의한다.

● 밥물과 불 조절, 완성된 밥의 상태에 유의
한다.

감독자 시선 POINT

● 콩나물 손질은 잘 하였는지?

● 소고기의 채는 균일하게 썰었는지?

● 밥은 고슬하게 시었는지?

● 완성된 밥의 색깔은 깨끗한지?

 **만드는 방법**

1_불린 쌀 확인하기

지급된 쌀의 불린 상태를 확인한
후 찬물에 헹궈 체에 받쳐 놓는다.

2_양념 다지기

세척한 파와 마늘을 곱게 다진다.

3_콩나물 다듬기

콩나물은 꼬리를 다듬고 깨끗이
씻어 물기를 뺀다.

4_소고기 채 썰어 양념하기

소고기는 기름기를 제거하고 결
대로 채 썬 후 진간장, 다진 파,
다진 마늘, 참기름으로 양념한다.

5_밥 짓기

물기 제거한 쌀에 동량의 물을 붓고 콩나물과 양념한 소고기를 얹어 밥을 짓는다. 처음에는 센불에 올려 끓어오르면 약불로 낮추어 뜸을 들인다.

> **유용한 TIP**
> ● 콩나물을 같이 넣어 밥을 짓기 때문에 물양에 주의해요.
> ● 밥을 그릇에 담기전 좁은 용기에 담아 큰 그릇에 옮기면 편리해요.

6_완성하기

충분히 뜸을 들인 밥을 가볍게 잘 섞어 콩나물이 위로 오도록 그릇에 담는다.

> **유용한 TIP**
> ● 불린 쌀을 지급받으면 물의 양을 잡을 때 쌀과 동량으로 하지 말고 콩나물에서 나오는 수분의 양을 생각하여 조금 적게 동량이 되지 않도록 물의 양을 잡아야 한다. 중간에 뚜껑을 열면 비린내가 나므로 완성된 후 뚜껑을 열어야 하며, 냄비 뚜껑을 투명한 것을 사용하면 넘치는 것을 볼 수 있어 편리하다.
> ● 밥을 완성하여 그릇에 낼 때 윗부분에 소고기, 콩나물이 올 수 있도록 신경 써서 그릇에 담는다.

장국죽

조리시간 — 30분

죽은 모든 곡물로 만드는 유동식으로, 곡물을 알곡으로 또는 갈아서 물을 넣고 끓여 완전히 호화시킨 것이고, 육류를 넣어 끓인 죽으로 「조선무쌍신식요리제법」에는 "좋은 쌀을 씻어 솥에 넣고 물을 넉넉히 부은 후에 연한 고기를 잘게 다져 갖은 고명으로 주물러 넣고 표고를 잠깐 불려 잘게 채 쳐 많이 넣고 장으로 간을 맞추어 끓인다." 라고 기재되어 있다.

03

요 / 구 / 사 / 항

가. 불린 쌀을 반 정도로 싸라기를 만들어 죽을 쑤시오.

나. 소고기는 다지고 불린 표고버섯은 3㎝ 정도의 길이로 채 써시오.

지 / 급 / 재 / 료 / 목 / 록

쌀(30분 정도 물에 불린 쌀)	100g	**진간장**	10㎖
소고기(살코기)	20g	**국간장**	10㎖
건표고버섯	1개	**깨소금**	5g
(지름 5㎝ 정도, 물에 불린 것, 부서지지 않은 것)		**검은 후춧가루**	1g
대파(흰 부분 4㎝)	1토막	**참기름**	10㎖
마늘(중, 깐 것)	1쪽		

만드는 방법

1_쌀 빻기

불린 쌀을 체에 밭친 후 도마에 놓고 방망이로 밀거나 절구에 빻는다.

2_양념 다지기

파, 마늘은 곱게 다진다.

3_소고기 다지기

소고기는 기름기를 제거하여 곱게 다진다.

4_표고 채 썰기

불린 표고버섯은 기둥을 떼고 물기를 짠 후 3㎝ 길이로 채 썬다.

5_양념하기

채 썬 소고기와 표고버섯은 간장, 파, 마늘, 깨소금, 참기름, 후추로 양념한다.

6_재료 익히기

냄비에 참기름을 두른 후 소고기, 표고 순으로 넣고 볶다가 싸라기 쌀을 넣어 쌀알이 반투명해질 때까지 볶는다.

7_죽 만들기

소고기와 표고버섯이 익으면 쌀을 볶으면서 쌀 분량의 6~7배 정도의 물을 붓고 처음에는 센불에서 끓이다가 약불로 낮추어 쌀이 바닥에 눌어붙지 않도록 가끔 나무주걱으로 저으면서 죽의 농도가 먹기 좋은 상태로 충분히 익도록 끓여준다.

유용한 TIP ● 죽을 끓이는 중간에 너무 많이 저으면 호화가 과도하게 진행되어요.
● 죽 끓이는 도중 거품 제거는 필수예요.

8_완성하기

쌀알이 잘 퍼지면 간장으로 색과 간을 맞추어 죽 그릇에 담아낸다.

유용한 TIP ● 죽의 간은 마지막에 해야 죽이 삭지 않아요.

① 쌀 빻기　② 양념 다지기　③ 소고기 다지기　④ 표고 채 썰기　⑤ 양념하기　⑥ 재료 익히기　⑦ 죽 만들기　⑧ 완성하기

완자탕

궁중에서는 완자탕을 봉오리탕이라고 부르는데, 이는 완자의 모양이 꽃봉오리와 같
다고 하여 붙여진 이름이다. 소고기와 두부를 섞어 완자로 빚어 끓인 맑은 장국에 해
당한다.

04

요 / 구 / 사 / 항

가. 완자는 직경 3㎝ 정도로 6개를 만들고, 국물의 양은 200㎖ 이상 제출하시오.

나. 달걀은 지단과 완자용으로 사용하시오.

다. 고명으로 황·백지단(마름모꼴)을 각각 2개씩 띄우시오.

지 / 급 / 재 / 료 / 목 / 록

소고기(살코기)	50g	검은 후춧가루	2g
소고기(사태 부위)	20g	두부	15g
날알	1개	키친타월(소 18×20㎝)	1장
대파(흰 부분 4㎝)	1/2토막	국간장	5㎖
밀가루(중력분)	10g	참기름	5㎖
마늘(중, 깐 것)	2쪽	깨소금	5g
식용유	20㎖	백설탕	5g
소금(정제염)	10g		

감독자 시선 POINT

● 주어진 고기를 가지고 육수용과 완자용으로 구분할 수 있는가?

● 완자의 크기가 균일한가?

● 국물이 맑게 나왔는가?

● 국물량이 200㎖인가?

만드는 방법

1_양념 다지기

마늘과 파를 곱게 다진다.

2_육수 만들기

소고기 사태를 기름기와 핏물을 제거 후 물(3컵)을 붓고 마늘을 넣어 육수를 끓인다.

> 유용한 TIP
>
> ● 소고기 육수를 낼 때는 찬물에서부터 고기를 넣고 끓여야 고기의 맛이 깊게 우러나요. 고기가 두 종류 지급되므로 육수는 사태, 다지는 용도는 살코기로 하세요.

3_고기 다지기 및 두부 으깨기

소고기 살코기는 힘줄, 기름기를 제거하고 곱게 다진다. 지급된 두부는 물기를 제거한 후 도마 위에서 으깨어 준다.

4_완자 빚기

다진 소고기와 으깬 두부를 합하여 소금, 파, 마늘, 깨소금, 후춧가루를 넣어 양념한 후 찰기나게 치댄다. 치댄 반죽을 직경 3cm로 동그랗게 완자를 6개 만든다.

> 유용한 TIP ● 완자를 만들 때 소금으로 간하면 반죽이 질지 않아 구형이 유지되며, 필요 이상의 밀가루를 많이 입혀주면 국물이 탁해질 수 있어요.

5_지단 부치기

달걀은 황·백으로 분리하여 완자에 사용할 달걀을 1/2 남기고 황·백지단을 부친 후 마름모꼴로 잘라 각각 2개씩 준비한다.

6_완자 익히기

빚은 완자에 밀가루를 입히고 달걀 물을 입힌 후 팬에 기름을 소량 두르고 완자의 2/3를 익혀준다.

> **유용한 TIP**
> ● 팬에서 완자를 굴리면서 익힐 때 기름양이 많으면 밀가루 옷이 벗겨질 수 있으니 주의하고, 2/3 이상을 팬에서 익혀주어야 해요.
> ● 익혀낸 완자는 종이타월에 올려 기름기를 제거해야 육수가 맑아요.

7_육수에 간하기 및 육수에서 완자 익히기

사태를 넣어 만든 육수에 간장으로 색을 내고 소금으로 간을 한다. 냄비에 육수를 부은 후 2/3 익힌 완자를 넣어 약불에서 완전히 익혀준다.

8_완성하기

탕그릇에 익힌 완자를 6개 담고 육수를 200㎖ 부은 후 마름모꼴로 자른 지단을 올려서 완성한다.

> **유용한 TIP**
> ● 국물이 있는 요리는 중간에 거품 제거를 해야 국물이 맑아요.

1	2	3	4	5	6	7	8
양념 다지기	육수 만들기	고기 다지기 및 두부 으깨기	완자 빚기	지단 부치기	완자 익히기	육수에 간하기 및 육수에서 완자 익히기	완성하기

찌개 요리

생선찌개

조리시간 30분

생선 고추장찌개에는 생선을 넣고 고추장으로 간을 하여 끓인 찌개로, 숭어, 조기, 민어, 넙치, 농어, 대구, 동태와 같은 담백하고 살이 흰 것이 적합하다. 지지미는 찌개와 같으나 국물을 찌개보다 조금 적게 잡는다. 동태 지지미는 냄비에 물을 붓고 고추장을 풀어 무, 토막 낸 동태, 채 썬 파, 다진 마늘, 두부를 넣고 끓인다.

05

요 / 구 / 사 / 항

가. 생선은 4~5cm 정도의 토막으로 자르시오.

나. 무, 두부는 2.5×3.5×0.8cm로 써시오.

다. 호박은 0.5cm 반달형, 고추는 통 어슷썰기, 쑥갓과 파는 4cm로 써시오.

라. 고추장, 고춧가루를 사용하여 만드시오.

마. 각 재료는 익는 순서에 따라 조리하고, 생선 살이 부서지지 않도록 하시오.

바. 생선 머리를 포함하여 전량 제출하시오.

지 / 급 / 재 / 료 / 목 / 록

동태(300g)	1마리	**마늘**(중, 깐 것)	2쪽
무	60g	**생강**	10g
애호박	30g	**실파**(2뿌리)	40g
두부	60g	**고추장**	30g
풋고추(5cm 이상)	1개	**소금**(정제염)	10g
홍고추(생)	1개	**고춧가루**	10g
쑥갓	10g		

만드는 방법

1_양념 다지기

마늘과 생강을 곱게 다진다.

2_생선 손질하기

생선은 세척 후 비늘을 긁고 가위를 이용하여 지느러미를 제거한 후 내장 중 먹는 부분을 골라내어 그릇에 담고 생선 머리를 포함해서 4~5㎝ 정도로 토막을 낸 후 다시 한 번 깨끗이 세척한다.

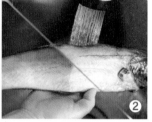

유용한 TIP

● 생선을 다룰 때는 위생적으로 해야 하며, 생선 살이 부스러지지 않도록 해요.

3_무, 두부, 호박 썰기

무와 두부는 2.5×3.5×0.8㎝ 크기로 썬다. 호박은 0.5㎝ 두께의 반달형으로 썬다.

4_쑥갓과 실파 손질하기

쑥갓은 잎 모양을 살려 4㎝로 썰고, 실파는 길이대로 4㎝로 썬다.

5_고추 썰기

청·홍고추는 통으로 0.5㎝ 두께로 어슷썰기 한다.

유용한 TIP
● 어슷썰기한 고추의 씨는 제거해야 찌개가 깨끗해요.

6_찌개 국물 만들기

냄비에 3컵의 물을 넣고 끓이다가 고추장과 고춧가루를 동량으로 섞어 둔 양념을 풀어준다.

유용한 TIP ● 고추장을 많이 넣으면 국물이 텁텁하고, 고춧가루를 많이 넣으면 색이 진해지므로 동량을 취하여 섞은 후 체를 이용하여 국물에 넣어주면 원하는 색을 얻을 수 있고 양념이 빨리 국물에 풀어지므로 편리해요.

7_찌개 끓이기

국물이 끓으면 손질한 무를 넣어 끓인다. 무가 반쯤 익으면 생선과 다진 생강과 마늘도 넣어 끓이다 호박, 두부, 풋고추, 홍고추를 넣고 소금으로 간을 맞춘다. 생선이 거의 익었을 무렵 실파, 쑥갓을 넣고 불을 끈다.

유용한 TIP ● 중간중간 거품을 제거해주면 국물이 깨끗해져요.

8_완성하기

찌개 그릇에 생선 살이 부서지지 않게 조심스럽게 담고 재료들을 모양 있게 둘러 담은 후 쑥갓을 위에 올린다.

1	2	3	4	5	6	7	8
양념 다지기	생선 손질하기	무, 두부, 호박 썰기	쑥갓과 실파 손질하기	고추 썰기	찌개 국물 만들기	찌개 끓이기	완성하기

두부젓국찌개

조리시간
20분

굴두부조치는 궁중음식으로 알려져 있는 데 밥보다는 죽에 어울리는 찌개이다. 궁중에서는 찌개를 조치라고 하였다. 굴두부조치는 국물이 특히 시원하여 과음한 후 해장국으로 빵을 먹는 서양식 아침 식단에도 잘 어울리는 음식이다.

06

요 / 구 / 사 / 항

가. 두부는 2×3×1cm로 써시오.

나. 붉은 고추는 0.5×3cm, 실파 3cm 길이로 써시오.

다. 소금과 다진 새우젓의 국물로 간하고, 국물을 맑게 만드시오

라. 찌개의 국물은 200㎖ 이상 제출하시오.

지 / 급 / 재 / 료 / 목 / 록

두부	100g	마늘(중, 깐 것)	1쪽
생굴(껍질 벗긴 것)	30g	새우젓	10g
실파(1뿌리)	20g	참기름	5㎖
홍고추(생)	1/2개	소금(정제염)	5g

수험자 유의사항

● 두부와 굴의 익는 정도에 유의한다.

● 찌개의 간은 소금과 새우젓으로 하고, 국물이 맑고 깨끗하도록 한다.

감독자 시선 POINT

● 두부의 크기가 요구사항대로 균일한가?

● 찌개에 재료를 넣는 순서에 따라 넣었는 지, 그래서 굴의 크기가 통동한시?

● 국물이 맑고 200㎖가 제시되었는가?

● 실파와 홍고추의 색이 선명한지?

만드는 방법

1_두부 자르기

두부는 폭과 길이 2×3㎝, 두께 1㎝로 자른다.

> **유용한 TIP**
> - 국물에 끓이는 두부는 크기가 다소 커질 염려가 있으므로 요구사항보다 작게 자른다.

2_굴 손질하기

굴은 연한 소금물에 흔들어 씻은 이물질을 골라내고 체에 받쳐 놓는다.

> **유용한 TIP**
> - 굴은 살살 헹궈야 깨지지 않아요.

3_양념 다지기

마늘은 곱게 다진다.

4_실파와 홍고추 자르기

실파는 3㎝ 길이로 썰고, 홍고추는 길이로 갈라 씨를 뺀 후 0.5×3㎝의 크기로 채 썬다.

> **유용한 TIP**
> - 홍고추는 어슷썰지 않고 0.5×3㎝ 두께로 꼭 채를 썰어요.
> - 국물에 홍고추를 많이 넣으면 국물이 적색으로 될 수 있으니 4~5개만 넣어요.

5_새우젓 다지기

새우젓은 건더기를 곱게 다진 후 면보에 짜서 국물만 사용한다.

유용한 TIP

● 다진 새우 국물만 넣어야 찌개가 맑아요.

6_찌개 국물 만들기

냄비에 2컵의 물을 넣고 불에 올려 새우젓으로 간을 한다.

7_찌개 끓이기

냄비에 국물이 끓으면 두부, 굴, 다진 마늘을 넣고 두부가 익으면 홍고추, 실파를 넣는다.

유용한 TIP

● 굴을 오래 끓이면 알맹이가 작아지고 질겨지므로 다른 재료가 다 익었을 무렵 국물에 넣어 준다.
● 국물이 있는 요리는 거품 제거를 해야 국물이 맑다.

8_완성하기

거의 완성 즈음에 참기름 한 방울을 떨어뜨리고 국물이 200㎖ 정도로 되도록 제출 그릇에 담아낸다.

유용한 TIP

● 일반적으로 찌개는 국보다는 건더기가 많으므로 국물을 200㎖ 담고 건더기의 양을 충분히 담아낸다.

①	②	③	④	⑤	⑥	⑦	⑧
두부 자르기	굴 손질하기	양념 다지기	실파와 홍고추 자르기	새우젓 다지기	찌개 국물 만들기	찌개 끓이기	완성하기

제육구이

**조리시간
30분**

한국의 전통적인 고기구이는 고기에 간장, 파, 마늘, 기름 등 갖은 양념을 하여 구운 것이 특징이다. 그러나 1950년 이후로는 간장보다는 고추장 양념이 일반적으로 발달하였다. 고추장 양념구이는 주로 돼지고기구이에 많이 사용되었으며 「조선요리법」이라는 책에는 돼지고기구이 양념에 따라 간장과 함께 고추장을 사용했으며 돼지고기에 고추장으로 조미하면 감칠맛이 커진다고 했다.

07

요 / 구 / 사 / 항

가. 완성된 제육은 0.4×4×5cm 정도로 하시오.

나. 고추장 양념으로 하여 석쇠에 구우시오.

다. 제육구이는 전량 제출하시오.

지 / 급 / 재 / 료 / 목 / 록

돼지고기(등심 또는 볼깃살)	150g	**검은 후춧가루**	2g
고추장	40g	**백설탕**	15g
생강	10g	**깨소금**	5g
진간장	10g	**참기름**	5㎖
대파(흰 부분 4cm)	1토막	**식용유**	10㎖
마늘(중, 깐 것)	2쪽		

감독자 시선 POINT

● 제육구이의 크기가 균일한지?

● 고기를 양념장에 충분히 재웠는지?

● 제육구이가 타시 않았는지?

만드는 방법

1_양념 다지기

마늘과 파, 생강은 곱게 다진다.

2_고기 손질하여 자르기

돼지고기는 핏물과 기름기를 제거하고 너비 4.5×5.5㎝, 두께 0.4㎝ 정도로 썰어 앞, 뒤로 잔 칼집을 넣어 오그라들지 않게 한다.

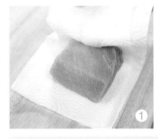

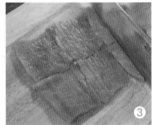

유용한 TIP ● 고기에 잔 칼집을 균일하게 넣어야 고기의 수축이 많이 일어나지 않아요.

3_양념 준비하기

고추장에 다진 파, 다진 마늘, 다진 생강, 간장, 설탕, 후추, 깨소금, 참기름을 넣어 고추장 양념장을 만든다.

4_고기 양념에 재우기

손질한 돼지고기에 고추장 양념장을 골고루 발라 간이 배도록 한다.

5_석쇠 손질하기

석쇠는 이물질을 제거한 후 기름으로 코팅하여 가열해준다.

유용한 TIP ● 시험장에 가기 전 석쇠를 미리 손질하여 가면 편해요.

6_고기 익히기

손질한 석쇠에 양념한 고기를 올려 앞, 뒤로 타지 않게 골고루 익힌다.

유용한 TIP ● 제육구이는 초벌구이를 하지 않고 양념하여 바로 굽는 구이로 타지 않도록 불 조절을 하면서 구워요.

7_완성하기

익힌 고기를 제출 접시에 담아낸다.

①	②	③	④	⑤	⑥	⑦
양념 다지기	고기 손질하여 자르기	양념 준비하기	고기 양념에 재우기	석쇠 손질하기	고기 익히기	완성하기

너비아니구이

너비아니는 고기를 얇게 저며 구운 것으로 조선 시대에 음식이 섬세해지고 석쇠가 일반화되면서 고기를 얇게 너붓너붓 썰었다 하여 부쳐진 이름이다. 소고기를 얇게 저며 간장 등 갖은 양념으로 재워 두었다가 석쇠에 구운 것으로, 너비아니는 현재의 불고기로 더 많이 알려졌다.

08

요 / 구 / 사 / 항

가. 완성된 너비아니는 0.5×4×5cm로 하시오

나. 석쇠를 이용하여 굽고, 6쪽 제출하시오.

다. 잣가루를 고명으로 얹으시오.

지 / 급 / 재 / 료 / 목 / 록

소고기(안심 또는 등심덩어리)	100g	**검은 후춧가루**	2g
대파(흰 부분 4cm)	1토막	**백설탕**	10g
마늘(중, 간 것)	2쪽	**깨소금**	5g
배(50g)	1/8개	**식용유**	10㎖
진간장	50㎖	**잣**(간 것)	5개
참기름	10㎖		

감독자 시선 POINT

- 제출된 고기의 6쪽의 크기가 균일해야 하며, 석쇠를 이용하여 굽고 탄 부분이 없어야 한다. 고기를 손질하여 양념에 충분히 재워두어야 한다.

 **만드는 방법**

1_양념 다지기

마늘과 파를 곱게 다진다.

유용한 TIP ● 너비아니구이의 양념은 곱게 다지지 않으면 고기가 익을 때 탈 염려가
있어요.

2_재료 손질하기

배는 껍질을 벗기고 강판에 갈아 즙을 짜서 준비한다.

3_고기 자르기

소고기는 핏물을 제거하고 힘줄과 기름기를 발라낸 후 크기는 가로 6㎝, 세로 5㎝, 두께는 0.4㎝ 정도로 썰어 칼로 자근자근 두드려 준비한다.

유용한 TIP ● 고기가 줄지 않도록 잔 칼집을 많이 해주고 크기를 감안하여 결 반대로
자르면 좋아요.

4_잣소금 만들기

잣은 이물질을 닦은 후 고깔을 제거하고 종이 위에 놓고 다져 보슬보슬한 잣가루를 만든다.

5_고기에 양념하기

손질한 고기에 배즙, 간장, 설탕, 마늘, 파, 깨소금, 참기름, 후추로 간하여 잠시 재워둔다.

6_석쇠 손질 및 고기 굽기

석쇠는 이물질을 제거한 후 기름으로 코팅하여 가열해준다. 손질한 석쇠에 양념이 밴 고기를 얹고 타지 않게 주의하며 앞, 뒤로 구워준다.

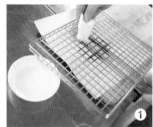

7_잣소금 얹기

구워 낸 고기 위에 잣소금으로 고명 처리해준다.

8_완성하기

구운 고기를 제출 접시에 가지런히 담고 준비한 잣가루를 뿌려서 낸다.

1	2	3	4	5	6	7	8
양념 다지기	재료 손질하기	고기 자르기	잣소금 만들기	고기에 양념하기	석쇠 손질 및 고기 굽기	잣소금 얹기	완성하기

더덕구이

조리시간
30분

더덕구이는 두 번 굽는 구이로 껍질을 말끔히 제거하고 소금물에 담가 쓴맛을 제거한 후 물기를 제거하고 유장에 초벌구이 한 후, 다시 고추장 양념으로 구운 구이다. 더덕은 껍질이 억세고 주름이 많다. 좋은 더덕은 껍질을 벗기면 섬유 결이 보풀보풀하다. 그래서 겨울철에 잘 얼리면서 말린 북어를 더덕북어라고도 한다. 더덕으로 음식을 만들려면 우선 창칼로 껍질을 말끔히 벗겨내고 물에 잠시 담가두어 쓴맛을 우려내야 한다.

09

요 / 구 / 사 / 항

가. 더덕은 껍질을 벗겨 사용하시오.

나. 유장으로 초벌구이하고, 고추장 양념으로 석쇠에 구우시오.

다. 완성품은 전량 제출하시오.

지 / 급 / 재 / 료 / 목 / 록

재료	수량	재료	수량
통더덕(껍질 있는 것 10~15㎝)	3개	**백설탕**	5g
대파(흰 부분 4㎝)	1토막	**깨소금**	5g
마늘(중, 깐 것)	1쪽	**참기름**	10㎖
진간장	10㎖	**소금**(정제염)	10g
고추장	30g	**식용유**	10㎖

감독자 시선 POINT

- 더덕을 균일한 크기로 구워 전량 제출해야 한다.
- 석쇠구이 때문에 타지 않도록 주의해야 한다.

1_양념 다지기

마늘과 파를 곱게 다진다.

2_더덕 손질하기

통더덕은 깨끗이 씻어 윗부분을 잘라내고 껍질을 돌려가며 벗긴다. 껍질을 벗긴 더덕은 반으로 잘라 소금물에 절여 쓴맛을 우려낸다. 소금물에 담갔던 더덕은 물기를 제거하고 방망이로 두드려 편 다음 5㎝의 길이로 자른다.

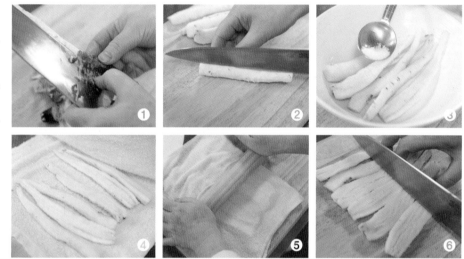

유용한 TIP ● 시험장에서 더덕을 받게 되면 흙 등의 이물질이 붙어 있는 경우가 있으므로 물에 세척 후 껍질을 돌려가며 벗겨내야 더덕이 깨끗하다.

● 소금물에 충분히 절여야 더덕이 부서지지 않아요.

3_더덕 유장 만들기

참기름과 간장을 섞는다.

유용한 TIP ● 유장은 한 방향으로 저어줘야 빨리 섞여요.

4_석쇠 손질 및 더덕 초벌구이하기

석쇠는 이물질을 제거한 후 기름으로 코팅하여 가열해준다. 손질한 석쇠를 잘 달군 후 유장 바른 더덕을 앞뒤로 충분히 초벌구이한다.

유용한 TIP ● 시험장에 가기 전 석쇠에 기름칠을 해서 가져가면 편해요.

5_양념 준비 및 더덕 양념에 재우기

고추장에 다진 파, 다진 마늘, 간장, 설탕, 깨소금, 참기름을 넣어 양념장을 준비한다. 초벌구이한 더덕에 고추장 양념을 발라준다.

유용한 TIP ● 양념을 두 번 하기 때문에 간이 짜지 않도록 주의해요.
● 양념을 더덕에 바를 때 수저 뒷부분을 사용하여 바르면 편리해요.

6_더덕 2차 익히기

손질한 석쇠에 양념한 더덕을 올려 앞, 뒤로 타지 않게 골고루 익힌다.

7_완성하기

익힌 더덕을 제출 접시에 담아낸다.

1	2	3	4	5	6	7
양념 다지기	더덕 손질하기	더덕 유장 만들기	석쇠 손질 및 더덕 초벌구이하기	양념 준비 및 더덕 양념에 재우기	더덕 2차 익히기	완성하기

생선양념구이

조리시간
30분

생선구이법에는 생선에 소금을 뿌려 굽는 법과 다진 파, 마늘, 간장, 참기름, 설탕, 실고추나 고춧가루 또는 고추장으로 양념장을 만들어 재웠다가 굽는 법, 간장, 후추, 설탕만으로 간을 하여 재웠다가 양념간장을 발라가며 굽는 법, 그리고 재료를 살짝 찐 다음 양념장을 바르거나 양념간장을 발라 굽는 법 등이 있다. 시험 요리인 생선양념구이는 간장, 참기름을 섞어 만든 유장에 발라 초벌구이를 하고, 2차구이는 고추장, 설탕, 파, 마늘, 깨소금, 참기름, 후추로 양념장을 섞어 발라 완성하는 구이이다.

10

요 / 구 / 사 / 항

가. 생선은 머리와 꼬리를 포함하여 통째로 사용하고, 내장은 아가미 쪽으로 제거하시오.

나. 칼집 넣은 생선은 유장으로 초벌구이하고, 고추장 양념으로 석쇠에 구우시오.

다. 생선구이는 머리 왼쪽, 배 앞쪽 방향으로 담아내시오.

지 / 급 / 재 / 료 / 목 / 록

조기(100~120g)	1마리	**깨소금**	5g
대파(흰 부분 4cm)	1토막	**참기름**	5㎖
마늘(중, 깐 것)	1쪽	**소금**(정제염)	20g
진간장	20㎖	**검은 후춧가루**	2g
고추장	40g	**식용유**	10㎖
백설탕	5g		

만드는 방법

1_양념 다지기

마늘과 파를 곱게 다진다.

2_생선 손질하기

생선은 비닐을 긁어내고 배를 가르지 않고 아가미에 나무젓가락을 넣어 내장을 꺼낸 다음 씻고 생선의 크기에 따라 칼집을 앞뒤로 2~3번 넣는다.

> 유용한 TIP ● 생선 아가미 쪽으로 내장을 제거하고, 생선이 터지 않도록 주의해요.

3_생선 유장 처리하기

생선의 물기를 면보로 닦고 유장(참기름과 간장 섞은 것)을 발라서 재워 놓는다.

4_석쇠 손질 및 생선 초벌구이하기

석쇠는 이물질을 제거한 후 기름으로 코팅하여 가열해준다. 손질한 석쇠를 잘 달군 후 유장 바른 생선을 앞뒤로 충분히 초벌구이한다.

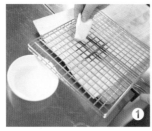

> 유용한 TIP ● 석쇠를 불꽃에 너무 가까이 대면 타기 쉬우니 주의하고 생선의 2/3를 익혀주어요.

5_양념 준비하기

고추장에 다진 파, 다진 마늘, 간
장, 설탕, 후추, 깨소금, 참기름을
넣어 양념장을 준비한다.

6_생선 양념에 재우기

초벌구이한 생선에 고추장 양념
장을 발라서 석쇠에 타지 않게 굽
는다.

유용한 TIP ● 고추장 양념장은 타기 쉬우니 주의해요.

7_생선 2차 익히기

손질한 석쇠에 양념한 생선을 올려
앞, 뒤로 타지 않게 골고루 익힌다.

8_완성하기

익힌 생선을 접시에 담을 때 머리
는 왼쪽, 꼬리는 오른쪽, 배는 잎
쪽을 향하게 담는다.

유용한 TIP ● 접시에 생선 담는 법은 주의해야 해요.

1	2	3	4	5	6	7	8
양념 다지기	생선 손질하기	생선 유장 처리하기	석쇠 손질 및 생선 초벌구이하기	양념 준비하기	생선 양념에 재우기	생선 2차 익히기	완성하기

북어구이

**조리시간
20분**

불린 북어를 방망이로 두드려서 양념장을 발라 재워두었다가 석쇠에 구운 것으로 밥과 함께 먹으면 반찬으로 좋다. 요즘에는 말린 북어포를 사용하여 만드는 방법이 훨씬 손쉽다.

요 / 구 / 사 / 항

가. 구워진 북어의 길이는 5cm로 하시오.

나. 유장으로 초벌구이하고, 고추장 양념으로 석쇠에 구우시오.

다. 완성품은 3개를 제출하시오(단, 세로로 잘라 3/6토막 제출할 경우 수량부족으로 미완성 처리).

지 / 급 / 재 / 료 / 목 / 록

북어포	1마리	**백설탕**	10g
(반을 갈라 말린 껍질이 있는 것 40g)		**깨소금**	5g
대파(흰 부분 4cm)	1토막	**참기름**	15㎖
마늘(중, 깐 것)	2쪽	**검은 후춧가루**	2g
진간장	20㎖	**식용유**	10㎖
고추장	40g		

수험자 유의사항

● 북어를 물에 불려 사용한다(이때 부서지지 않도록 유의한다).

● 북어가 타지 않도록 잘 굽는다.

● 고추장 양념장을 만들어 북어를 무쳐서 재운다.

감독자 시선 POINT

● 북어 전처리를 하였는가?

● 유장에 충분히 재웠는가?

● 양념이 골고루 뱄는가?

● 양념이 타지 않았는가?

만드는 방법

1_양념 다지기

마늘과 파를 곱게 다진다.

2_북어 손질하기

북어포는 물에 불려 사용하며 머리, 꼬리, 지느러미, 잔가시 등을 떼어낸 후 껍질 쪽에 칼집을 넣어 오그라들지 않도록 하고 물기 제거 후 6㎝ 길이로 3토막을 자른다.

> 유용한 TIP
>
> ● 북어는 물에 불려 사용해야 부서지지 않고 부드러워요.
> ● 북어를 3등분 할 때 꼬리 쪽을 조금 길게 잘라야 전체적으로 구웠을 때 크기가 같게 나와요.

3_생선 유장 처리하기

북어의 물기를 면보로 닦고 유장(참기름과 간장 섞은 것)을 발라서 재워 놓는다.

> 유용한 TIP
>
> ● 유장에 충분히 재워야 간이 잘 배요.

4_석쇠 손질하기

석쇠는 이물질을 제거한 후 기름으로 코팅하여 가열해준다.

5_생선 초벌구이하기

손질한 석쇠를 잘 달군 후 유장 바른 북어를 앞뒤로 충분히 초벌구이한다.

유용한 TIP

- 유장 처리를 하여 초벌구이를 할 때 2/3를 익혀 줘요.

6_양념 준비 및 북어 양념에 재우기

고추장에 다진 파, 다진 마늘, 간장, 설탕, 후추, 깨소금, 참기름을 넣어 양념장을 준비한다. 초벌구이한 북어에 고추장 양념장을 무쳐서 재운다.

7_북어 2차 익히기

손질한 석쇠에 양념한 북어를 올려 앞, 뒤로 타지 않게 골고루 익힌다.

유용한 TIP

- 고추장 양념을 하여 구울 때는 양념이 타지 않고 생선에 달라붙도록 양념 농도를 조절하여 윤기나게 구워요.
- 북어구이 시 불꽃에 석쇠를 가까이 하면 타기 쉬우므로 일정한 간격(7㎝ 정도)을 유지해요.

8_완성하기

익힌 북어를 제출 접시에 담아낸다.

1	2	3	4	5	6	7	8
양념 다지기	북어 손질하기	생선 유장 처리하기	석쇠 손질하기	생선 초벌구이 하기	양념 준비 및 북어 양념에 재우기	북어 2차 익히기	완성하기

섭산적

섭산적은 소고기를 곱게 다진 데다 두부를 으깨어 넣어 고루 섞고 양념하여 얇게 반대기를 만들어 구운 것으로 약산적이라고도 하는데, 「시의전서」라는 고서에는 섭산적을 "뭉치구이"라는 음식으로 표현하기도 한다. 고기를 곱게 다져 구웠기 때문에 부드러워서 소화기능이 약한 노인이나 환자, 어린이에게도 먹기 좋은 음식이다.

요 / 구 / 사 / 항

가. 고기와 두부의 비율을 3:1 정도로 하시오.

나. 다져서 양념한 소고기는 크게 반대기를 지어 석쇠에 구우시오.

다. 완성된 섭산적은 0.7×2×2㎝로 9개 이상 제출하시오.

라. 잣가루를 고명으로 얹으시오.

지 / 급 / 재 / 료 / 목 / 록

소고기(살코기)	80g	**깨소금**	5g
두부	30g	**참기름**	5㎖
대파(흰 부문 4㎝)	1토막	**검은 후춧가루**	2g
마늘(중, 깐 것)	1쪽	**잣**(깐 것)	10개
소금(정제염)	5g	**식용유**	30㎖
백설탕	10g		

만드는 방법

1_양념 준비하기

마늘과 대파를 곱게 다진다.

2_두부 으깨기

두부는 면보로 물기를 짠 후 도마 위에서 칼등을 이용하여 으깬다.

3_소고기 다지기

소고기는 핏물을 제거한 후 힘줄과 기름기를 제거하고 곱게 다진다.

4_고기소 만들기

다진 소고기와 두부에 소금, 설탕, 마늘, 파, 깨소금, 참기름, 후추를 넣고 끈기가 나도록 충분히 치댄다.

 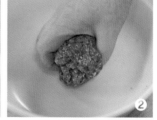

유용한 TIP
- 고기와 두부의 비율을 3:1로 맞춰야 해요.

5_고기 반대기 만들기

치댄 고기를 도마 위에 놓고 8×8 ×0.6㎝ 크기가 되도록 반대기를 지어 잔 칼집을 넣는다.

유용한 TIP
- 충분히 반대기를 치댄 후 요구 크기에 맞게 넓혀 줘요.

6_석쇠 손질 및 섭산적 굽기

석쇠에 식용유를 발라 달군다. 반대기를 석쇠에 타지 않도록 앞, 뒤로 골고루 굽는다.

유용한 TIP ● 불 조절에 유의해요.

7_잣소금 준비

잣은 고깔을 뗀 후 종이 위에 놓고 잘게 다져 보슬보슬하게 가루를 만든다.

8_칼 손질 및 섭산적 자르기

칼날에 기름을 바르거나 불에 달구거나 하여 자르면 섭산적이 곱게 잘린다. 구운 섭산적의 가장자리를 정리 후 2×2㎝ 크기로 9개를 자른다.

유용한 TIP ● 구워낸 섭산적이 한소끔 식은 후 자르면 부서지지 않아요.

9_완성하기

접시에 9개의 섭산적을 담고 잣가루를 뿌려 제출한다.

①	②	③	④	⑤	⑥	⑦	⑧	⑨
양념 준비하기	두부 으깨기	소고기 다지기	고기소 만들기	고기 반대기 만들기	석쇠 손질과 섭산적 굽기	잣소금 준비	칼 손질 및 섭산적 자르기	완성하기

화양적

조리시간
35분

* 산적 : 날고기나 채소를 꼬챙이에 번갈아 가면서 꿰어서 만든 적(소고기산적, 파산적, 떡산적)
* 누름적 : 익힌 고기, 채소를 꼬챙이에 번갈아 가면서 꿰어서 구운 음식(화양적)
* 지짐누름적 : 밀가루 + 달걀을 입혀 지진 것으로 김치적, 두릅적이 있음

오늘날의 화양적은 고기와 표고, 도라지 등을 양념하여 익혀서 지단과 번갈아 꿰어 잣가루를 뿌린 음식으로 전유어와 비슷하지만, 꼬치에 꿴 것으로 적이라고 하였다.

13

요 / 구 / 사 / 항

가. 화양적은 0.6×6×6cm로 만드시오.

나. 달걀 노른자로 지단을 만들어 사용하시오(단, 달걀 흰자 지단을 사용하는 경우 오작으로 처리).

다. 화양적은 2꼬치를 만들고 잣가루를 고명으로 얹으시오.

지 / 급 / 재 / 료 / 목 / 록

품목	수량	품목	수량
소고기(살코기 7cm)	50g	**소금**(정제염)	5g
불린 건표고버섯(5cm)	1개	**백설탕**	5g
당근(곧은 거 7cm)	50g	**깨소금**	5g
오이(20cm)	1/2개	**참기름**	5㎖
통도라지(껍질 있는 것 20cm)	1개	**검은 후춧가루**	2g
산적꼬치(8~9cm)	2개	**잣**(깐 것)	10개
진간장	5㎖	**달걀**	2개
대파(흰 부분 4cm)	1토막	**식용유**	30㎖
마늘(중, 깐 것)	1쪽		

수험자 유의사항

● 통도라지는 쓴맛을 잘 뺀다.

● 끼우는 순서는 색의 조화가 잘 이루어지도록 한다.

감독자 시선 POINT

● 도라지의 쓴맛을 제거하였는지?

● 지단을 속이 익도록 부쳐냈는지?

● 고기의 크기는 적당한지?

● 표고의 간은 하였는지?

● 오이와 당근의 전처리는 하였는지?

● 화양적의 색을 조화롭게 하였는지?

만드는 방법

1_양념 다지기

마늘과 파를 곱게 다진다.

2_재료 손질하기 및 표고, 소고기 자르기

당근과 오이는 길이 6cm, 폭 1cm, 두께 0.6cm로 썬다. 도라지는 껍질을 벗겨 6cm로 썰어 소금물에 담가 쓴맛을 제거한다. 불린 표고버섯은 기둥을 떼고 6cm로 자르고, 소고기는 길이 7cm, 폭 1cm, 두께 0.5cm로 썰고 잔 칼집을 넣는다.

유용한 TIP ▷ ● 소고기는 익으면서 크기가 줄어들므로 요구사항보다 조금 길게 잘라요.

3_지단 부치기

달걀은 노른자 분리 후 소금을 약간 넣고 저은 후 체에 내려 0.6cm 두께로 두껍게 지단을 부친 후 다른 재료들과 같은 크기로 썬다.

유용한 TIP

● 지단은 부칠 때 밑면이 다 익기 전 겹쳐야 두툼하게 부쳐져요.

4_양념하기

소고기와 표고버섯에 간장, 설탕, 마늘, 파, 설탕, 깨소금, 참기름, 후추로 간을 한다.

5_팬에 익히기

팬에 기름을 두르고 달궈지면 오이, 도라지, 당근, 표고버섯, 소고기 순으로 각각 볶는다(당근과 도라지를 볶으면서 약간의 소금간을 한다).

> **유용한 TIP**
> ● 화양적에 쓰이는 각 채소들의 색이 선명하게 나올 수 있도록 익힐 때 주의해요.

6_잣가루 만들기 및 산적꼬치에 끼우기

잣은 고깔을 떼서 종이를 깔고 곱게 다져 보슬한 잣가루를 만든다. 산적꼬치에 재료의 색을 맞추어 2꼬치 준비하고 꼬치 양 끝을 1㎝ 정도 남긴다.

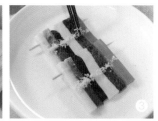

> **유용한 TIP** ● 꼬치는 가늘게 손질하여 사용하고 재료를 끼울 때는 기름을 묻혀 사용하면 재료가 질 끼워져요.

7_완성하기

화양적을 접시에 담고 잣가루를 뿌려 마무리한다.

1	2	3	4	5	6	7
양념 다지기	재료 손질하기 및 표고, 소고기 자르기	지단 부치기	양념하기	팬에 익히기	잣가루 만들기 및 산적꼬치에 끼우기	완성하기

지짐누름적

* 산적 : 날고기나 채소를 꼬챙이에 번갈아 가면서 꿰어서 만든 적(소고기산적, 파산적, 떡산적)
* 누름적 : 익힌 고기, 채소를 꼬챙이에 번갈아 가면서 꿰어서 구은 음식(화양적)
* 지짐누름적 : 밀가루 + 달걀을 입혀 지진 것으로 김치적, 두릅적이 있음
지짐누름적은 익혀서 산적꼬치에 꿰어 굽는 적으로 잔칫상에서 흔히 볼 수 있는 오래전부터 해 먹던 음식이다.

14

요 / 구 / 사 / 항

가. 각 재료는 0.6×1×6㎝로 하시오

나. 누름적의 수량은 2개를 제출하고, 꼬치는 빼서 제출하시오,

지 / 급 / 재 / 료 / 목 / 록

소고기(살코기 7㎝)	50g	**마늘**(중, 깐 것)	1쪽
건표고버섯(지름 5㎝ 정도, 물에 불린 것) 1개		**소금**(정제염)	5g
당근(길이 7㎝ 정도, 곧은 것)	50g	**백설탕**	5g
쪽파(중)	2뿌리	**깨소금**	5g
통도라지(껍질 있는 것 20㎝)	1개	**참기름**	5㎖
밀가루(중력분)	20g	**검은 후춧가루**	2g
달걀	1개	**식용유**	30㎖
산적꼬치(8~9cm)	2개	**진간장**	10㎖
대파(흰 부분 4㎝)	1토막		

감독자 시선 POINT

● 전 재료를 볶은 다음 밀가루, 달걀을 입혀 지져냈는지?

● 두 꼬치가 동일한 재료로 꿰어졌으며 전의 색이 선명한지?

● 꼬치를 제거하고 제출했는지?

1_양념 다지기

마늘과 파를 곱게 다진다.

2_재료 손질하기

당근은 껍질 제거 후 6×1×0.6㎝
로 썰고, 쪽파는 6㎝ 길이로 썬다.
도라지는 껍질을 돌려서 벗긴 후
6×1×0.6㎝로 썰어 소금물에 담
가 쓴맛을 우려낸다. 표고버섯은
밑동을 제거하고 6×1×0.6㎝로 자
르고, 소고기는 7×1×0.4㎝ 자른
후 잔 칼집을 해준다.

유용한 TIP ▶ ● 소고기는 줄어들 것을 예상하여 요구사항보다 조금 크게 잘라 준비해요.

3_재료 익히기

당근과 도라지는 소금물에 살짝
데친다. 소고기와 표고버섯은 간
장, 설탕, 마늘, 파, 설탕, 깨소금,
참기름 후추로 간하여 팬에 익혀
낸다.

4_익힌 재료 꼬치에 끼우기

익혀낸 재료는 꼬치에 2꼬치 색이 선명하도록 동일한 순서대로 끼워 준비한다.

> 유용한 TIP 〉 ● 도라지, 당근은 데쳐서 볶아요.
>
> ● 쪽파는 소금, 참기름에 무쳐준다.
>
> ● 도라지와 당근은 볶으면서 소금을 첨가한다.
>
> ● 당근의 경우 쪼개질 염려가 있기 때문에 꼬치의 맨 마지막 부분에 끼워요. 또한 꼬치에 기름을 발라 끼우면 빠지기가 쉬워요.

5_누름적 부치기

달걀 노른자에 흰자를 조금 섞어 소금을 약간 넣고 저은 후 체에 내린다. 산적꼬치에 준비된 재료들의 색을 맞추어 끼워 길이를 자른 후 밀가루를 묻히고 달걀물에 담갔다가 팬에 지져낸다.

> 유용한 TIP 〉 ● 지짐누름적은 꼬치에 꿰어 구운 후 다시 꼬치를 제거해 제출하므로 빼낼 때 식은 다음에 빼세요.

6_완성하기

누름적이 식으면 꼬치를 빼고 접시에 담아낸다.

1	2	3	4	5	6
양념 다지기	재료 손질하기	재료 익히기	익힌 재료 꼬치에 끼우기	누름적 부치기	완성하기

풋고추전

조리시간
25분

풋고추를 반 갈라 다진 소고기와 으깬 두부를 양념하여 만든 소를 넣고 밀가루와 달걀물을 묻혀 식용유를 두른 팬에 지진 것이다. 전남에서는 밀가루에 다진 풋고추, 다진 돼지고기, 물, 소금을 넣고 반죽하여 조금씩 떼어 둥글납작하게 만들어 식용유를 두른 팬에 지진다. 「조선무쌍신식요리제법」에서는 고추전을 "고추전유어", "고초복"이라 소개하고 있다.

15

요 / 구 / 사 / 항

가. 풋고추는 먼저 5cm 정도의 길이로 정리하여 소를 넣고 지져내시오.

나. 풋고추는 반을 갈라 데쳐서 사용하며 완성된 풋고추전은 8개를 제출하시오.

지 / 급 / 재 / 료 / 목 / 록

풋고추(11cm 이상)	2개	**검은 후춧가루**	1g
소고기(살코기)	30g	**깨소금**	5g
두부	15g	**참기름**	5mℓ
밀가루(중력분)	15g	**소금**(정제염)	5g
달걀	1개	**식용유**	20mℓ
대파(흰 부분 4cm)	1토막	**백설탕**	5g
마늘(중, 깐 것)	1쪽		

수험자 유의사항

● 완성된 풋고추전의 색에 유의한다.

감독자 시선 POINT

● 풋고추는 데쳐서 사용했는가?
● 풋고추의 크기는 요구사항과 맞는가?
● 풋고추선은 익었는가?
● 풋고추전이 깔끔하게 나왔는가?

1_양념 다지기

마늘과 파를 곱게 다진다.

2_풋고추 준비하기

풋고추는 꼭지를 떼고 반으로 갈라 씨를 발라내고 5㎝ 길이로 자른다. 끓는 물에 소금을 넣고 살짝데쳐 찬물에 헹궈 물기를 닦는다.

> 유용한 TIP
>
> ● 풋고추의 요구사항 크기를 참조하여 주어진 크기가 10㎝가 넘을 때는 양 끝을 자르지 말고 가운데 부분을 잘라 크기를 완성해요.
> ● 데친 고추는 찬물에 헹궈 녹색을 유지해요.

3_두부 으깨기

두부는 면보로 물기를 제거한 후 칼등으로 으깬다.

4_소고기 다지기

소고기는 핏물을 제거하여 힘줄과 기름기를 제거한 후 곱게 다진다.

5_고기소 준비하기

다진 소고기와 으깬 두부를 합한 후 소금, 설탕, 마늘, 파, 깨소금, 참기름, 후추를 넣어 끈기가 나도록 치댄다.

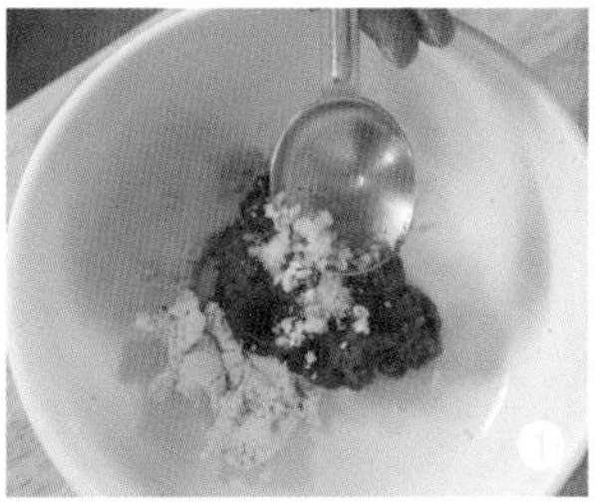

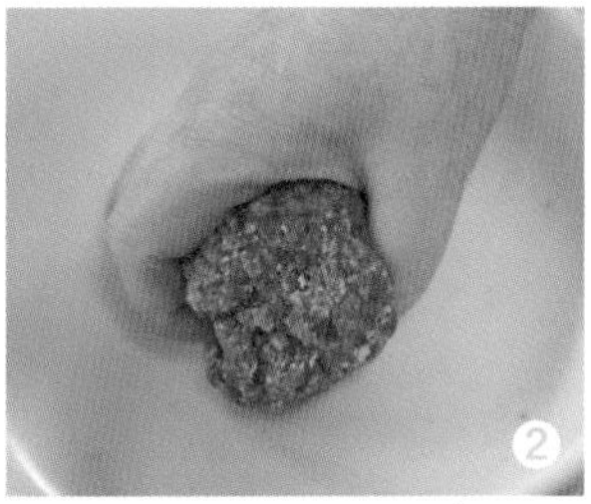

유용한 TIP

- 소를 많이 치대어야 고추전 면이 평평해져요.

6_달걀물 준비하기

달걀은 노른자에 흰자를 조금 섞어 소금을 넣어 체에 내린다.

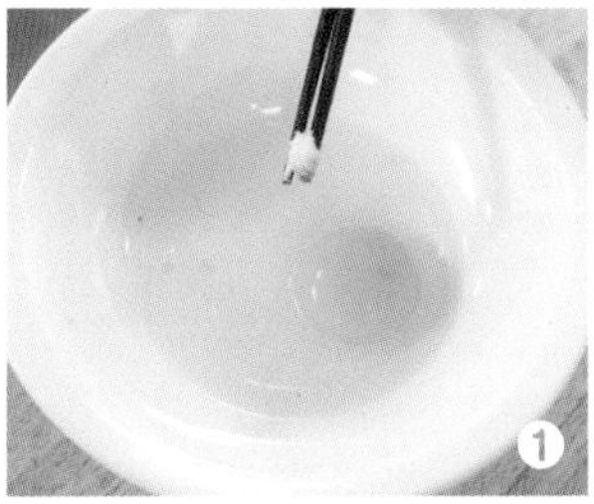

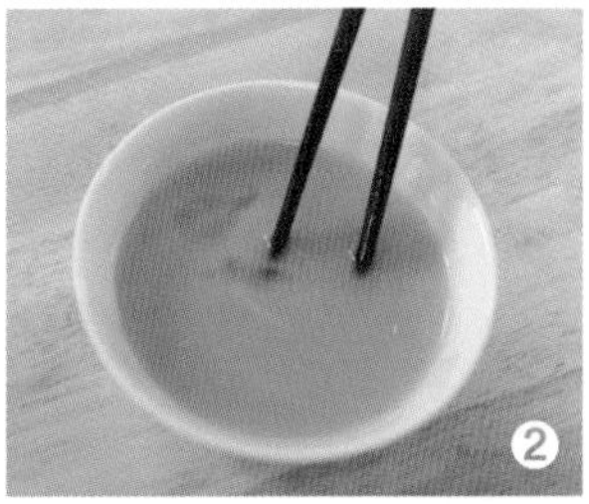

유용한 TIP

- 고추전 색이 예뻐지려면 흰자는 조금만 섞어요.

7_풋고추전 익히기

풋고추 안쪽에 밀가루를 묻히고 소를 평평하게 채운 다음 소 넣은 쪽만 밀가루와 달걀물을 묻힌 후 약한 불로 기름을 두른 팬에 고기소가 익도록 노릇하게 지지고 뒤집어 꺼낸다.

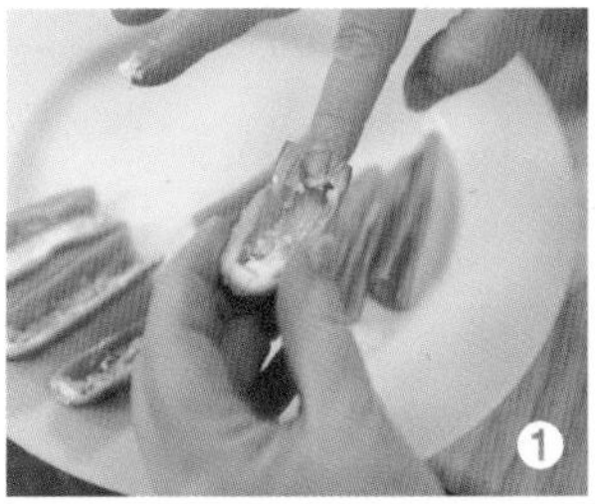

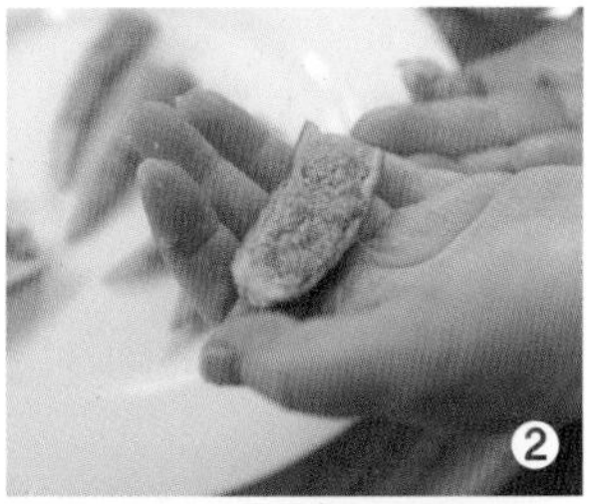

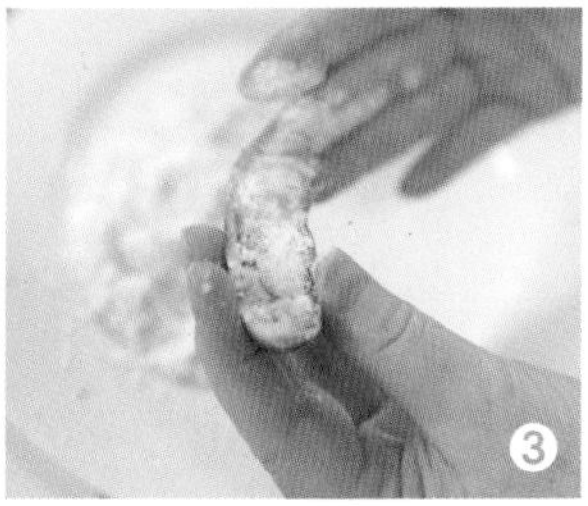

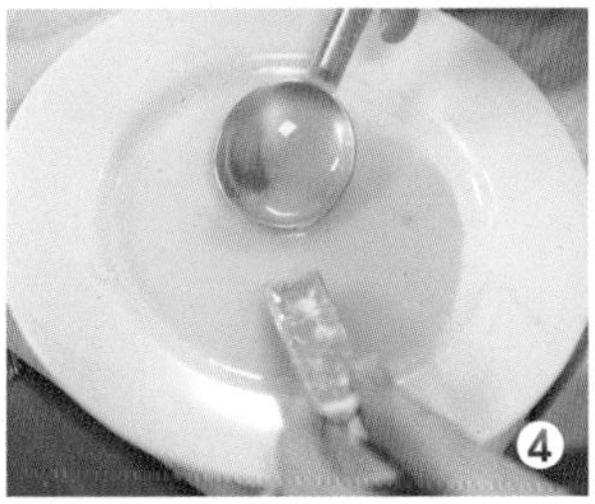

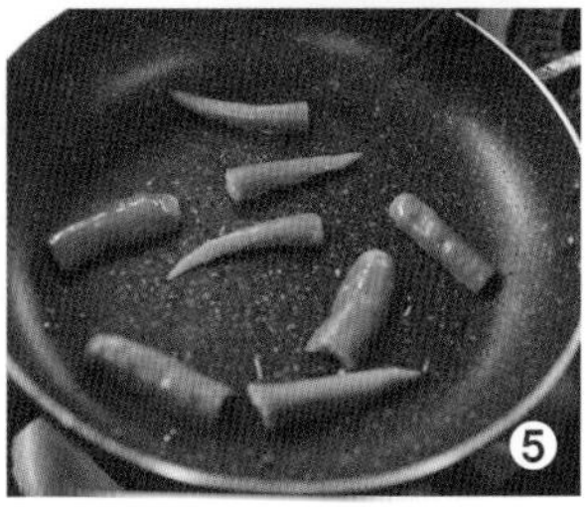

유용한 TIP

- 고추는 데쳤기 때문에 겉면은 익히지 않아도 됩니다. 익히면 고추 겉면이 타요.

8_완성하기

익힌 풋고추전 8개 수량을 맞춰 접시에 담아낸다.

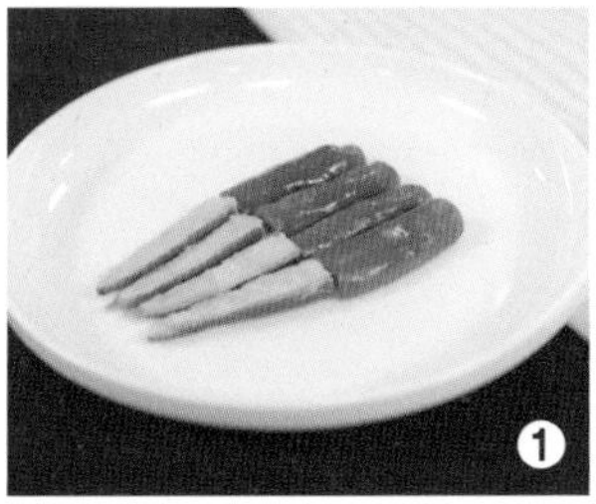

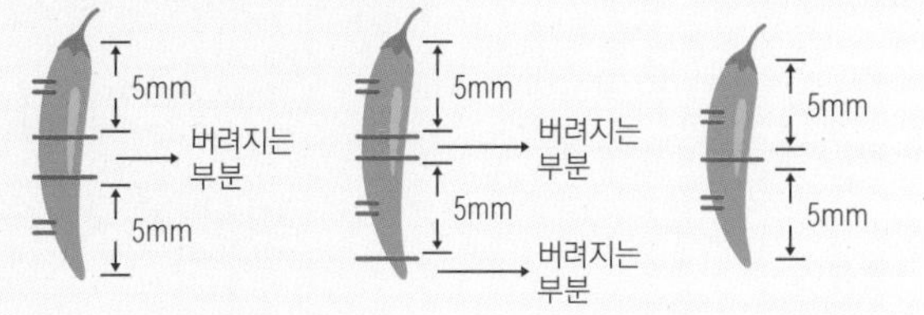

1 양념 다지기 · 2 풋고추 준비하기 · 3 두부 으깨기 · 4 소고기 다지기 · 5 고기소 준비하기 · 6 달걀물 준비하기 · 7 풋고추전 익히기 · 8 완성하기

표고전

건표고버섯을 불린 후 기둥을 떼고 소금으로 밑간한 후, 다져서 양념한 소고기를 버섯의 안쪽 부분에 넣고 밀가루와 달걀물을 씌워 식용유를 두른 팬에 지진 것이다. 제주도에서는 다진 돼지고기를 소로 이용하고 표고버섯을 양념하여 달걀물만 입혀 전을 부치기도 하며, 초기전이라고도 한다.

요 / 구 / 사 / 항

가. 표고버섯과 속은 각각 양념하시오.

나. 완성된 표고전은 5개를 제출하시오.

지 / 급 / 재 / 료 / 목 / 록

불린 건표고버섯(2.5~4㎝)	5개	**검은 후춧가루**	1g
소고기(살코기)	30g	**진간장**	5㎖
두부	15g	**참기름**	5㎖
밀가루(중력분)	20g	**소금**(정제염)	5g
달걀	1개	**깨소금**	5g
대파(흰 부분 4㎝)	1토막	**식용유**	20㎖
마늘(중, 깐 것)	1쪽	**백설탕**	5g

수험자 유의사항

● 표고버섯의 색깔을 잘 살릴 수 있도록 한다.

● 고기가 완전히 익도록 한다.

감독자 시선 POINT

● 표고에 밑간을 하였는지?

● 표고전이 속까지 다 익었는지?

● 표고전이 깔끔하게 부쳐졌는지?

만드는 방법

1_양념 다지기

마늘과 파를 곱게 다진다.

2_두부 으깨기

두부는 면보에 물기를 제거한 후 도마 위에서 칼등으로 으깬 후 곱게 다진다.

3_소고기 다지기

소고기는 핏물을 제거하고 힘줄과 기름기를 제거한 후 곱게 다진다.

유용한 TIP
- 소를 골고루 치대주지 않으면 표고 표면이 거칠게 나와요.

4_표고버섯 양념

표고버섯은 기둥을 떼고 물기를 짠 후 간장, 설탕, 참기름으로 밑 간을 한다.

유용한 TIP
- 표고는 물기를 제거 후 안쪽에 간장, 설탕, 참기름으로 기본양념을 꼭 해요.

5_고기소 준비

소고기와 두부를 합하여 소금, 마늘, 파, 설탕, 깨소금, 참기름, 후추를 넣어 골고루 치댄다.

6_달걀물 준비

달걀은 노른자에 흰자를 1큰술 정도와 소금을 약간 넣어 잘 푼 후 체에 내린다.

> 유용한 TIP ● 전의 색을 예쁘게 하기 위해서는 달걀 노른자에 흰자를 약간만 섞어서 사용해요.

7_팬에 지져내기

양념한 표고버섯 안쪽에 밀가루를 묻히고 양념한 고기소를 채워 평평하게 한 다음 위에 밀가루를 묻혀 달걀물에 담갔다가 기름을 두른 팬에 지진 후 뒤집어 살짝 윗면을 지져낸다.

> 유용한 TIP ● 표고 겉면도 익혀줘야 잘 익어요.

8_완성하기

지져낸 전 5개를 접시에 정갈하게 담아낸다.

양념 다지기　두부 으깨기　소고기 다지기　표고버섯 양념　고기소 준비　달걀물 준비　팬에 지져내기　완성하기

생선전

생선전은 흰살생선으로 비린내가 없고 살이 단단한 것이 적당하다. 반상용은 작게, 연회상용은 좀 크게 하는 것이 좋다. 얇게 포를 뜬 생선을 도마에 놓고 살짝 두들겨서 두께를 고르게 한 다음 소금, 후춧가루를 뿌린다, 밀가루를 얄팍하게 묻히고 달걀옷을 입혀 전을 부친다.

요 / 구 / 사 / 항

가. 생선은 세장 뜨기하여 껍질을 벗겨 포를 뜨시오.

나. 생선전은 0.5×5×4cm로 만드시오.

다. 달걀은 흰자, 노른자를 혼합하여 사용하시오.

라. 생선전은 8개 제출하시오.

지 / 급 / 재 / 료 / 목 / 록

동태(400g)	1마리	소금(정제염)	10g
밀가루(중력분)	30g	흰 후춧가루	2g
달걀	1개	식용유	50㎖

수험자 유의사항

● 생선이 부서지지 않게 한다.

● 달걀 옷이 떨어지지 않도록 한다.

감독자 시선 POINT

● 생선을 위생적으로 처리하였는가?

● 생선포를 뜰 때 숙련되게 하였는가?

● 완성된 전의 크기가 균일하게 뇌었는가?

만드는 방법

1_생선 손질하기

동태는 비늘을 긁고 머리와 지느러미, 내장 등을 제거하고 깨끗이 씻은 후 세장 뜨기를 한다.

유용한 TIP ▷ ● 생선을 손질할 때는 위생적으로 깨끗이 해야 하며 생선의 물기를 제거한 후 포를 떠야 손이 다치지 않아요.

2_생선 껍질 벗기기

생선의 껍질 쪽을 밑으로 가도록 두고 꼬리 쪽에 칼을 넣어 조금 떠서 벗겨진 껍질을 손으로 잡은 상태에서 칼은 밀고 껍질은 잡아당겨 껍질을 벗긴다.

3_포 뜬 생선에 간하기

껍질을 벗긴 생선 살은 6×5×0.5㎝가 되도록 포를 떠서 소금, 후추로 간한다.

유용한 TIP ▷ ● 칼을 사용할 때에는 손이 베이지 않도록 해야 해요.
● 생선의 포를 뜰 때는 칼을 옆으로 뉘어 포를 어슷하게 뜨세요.

4_달걀물 준비하기

달걀 노른자에 흰자를 조금 섞고 소금을 넣어 풀어준 후 체에 내린다.

유용한 TIP
● 달걀 노른자를 더 써야 전의 색이 노랗게 예쁘게 나와요.
● 소금 첨가 후 체에 내려야 잘 섞여요.

5_생선전 부치기

생선 살을 면보로 눌러 물기를 제거한 후 밀가루를 고루 묻혀 달걀물에 담갔다가 기름 두른 팬에 앞, 뒤로 노릇하게 지져낸다.

유용한 TIP
● 밀가루는 조금만 입혀요.
● 팬에 기름이 많으면 튀겨지듯 지져져 매끄럽지 않으니 주의해요.

6_완성하기

노릇하게 익힌 생선전을 접시에 가지런히 담아낸다.

유용한 TIP
● 제출 전 생선전이 8장인지 확인해요.

① 생선 손질하기　　② 생선 껍질 벗기기　　③ 포 뜬 생선에 간하기　　④ 달걀물 준비하기　　⑤ 생선전 부치기　　⑥ 완성하기

육원전

육원전은 진 소고기와 두부에 갖은 양념을 해서 구운 전(煎)으로 우리나라 전통요리이다. 우리가 흔히 먹는 동그랑땡이라고도 하며, 소고기 대신 돼지고기를 쓰면 돈전(豚煎)이라고 한다.

요 / 구 / 사 / 항

가. 육원전은 지름이 4cm, 두께 0.7cm 정도가 되도록 하시오.

나. 달걀은 흰자, 노른자를 혼합하여 사용하시오.

다. 육원전 6개를 제출하시오.

지 / 급 / 재 / 료 / 목 / 록

소고기(살코기)	70g	**참기름**	5mℓ
두부	30g	**검은 후춧가루**	2g
밀가루(중력분)	20g	**소금**(정제염)	5g
대파(흰 부분 4cm)	1토막	**식용유**	30mℓ
마늘(중, 깐 것)	1쪽	**깨소금**	5g
달걀	1개	**설탕**	5g

수험자 유의사항

● 고기와 두부의 배합이 맞아야 한다.

● 전의 속까지 잘 익도록 한다.

● 모양이 흐트러지지 않아야 한다.

감독자 시선 POINT

● 육원전의 색깔이 타지 않았는지?

● 수량과 크기가 요구사항과 같은지?

● 육원전이 속까지 익었는지?

 **만드는 방법**

1_양념 다지기

마늘과 파를 곱게 다진다.

2_두부 으깨기

두부는 면보에 물기를 제거한 후
도마 위에서 칼등으로 으깬 후 다
시 곱게 다진다.

3_소고기 다지기

소고기는 핏물을 제거하고 힘줄과
기름기를 제거한 후 곱게 다진다.

4_완자 만들기

곱게 다진 소고기와 두부를 합하
여 양념하고 고루 섞어 끈기가 나
도록 치댄 후 일정한 양으로 6개를
나누어 직경 4.5㎝, 두께 0.6㎝ 정
도로 둥글납작하게 빚어 가운데
를 살짝 눌러 완자를 만든다.

유용한 TIP ● 육원전의 모양을 동그랗게 유지하기 위해서는 다진 소고기와 두부를
고루 치대는 것이 좋고 간은 소금으로 해요.

5_달걀물 만들기

달걀 노른자에 흰자를 섞어 소금
간 한 후 체에 내린다.

> 유용한 TIP > ● 달걀은 전란 사용해요.

6_육원전 만들기

빚은 완자에 밀가루를 고루 묻히
고 달걀물에 담근다.

> 유용한 TIP > ● 육원전은 익으면서 두꺼워지고 작아지므로 요구사항의 크기를 고려하
> 여 조금 크고 얇게 하세요.

7_육원전 익히기

팬에 기름을 약간 두르고 약한
불에서 앞, 뒤로 타지 않도록 지
져낸다.

8_완성하기

지져낸 육원전을 제출 접시에 담
아낸나.

두부조림

조리시간
25분

두부조림은 프라이팬에 기름을 두르고 살짝 지진 두부에 양념장을 넣어 조린 음식으로 간단한 조리법에 비해 영양가가 풍부한 편이다. 콩으로 만든 두부는 단백질 함량이 40%나 되며 칼슘, 철분, 마그네슘, 복합 비타민 B류 등 중요한 영양소들이 풍부하다. 또한 두부를 만드는 원재료인 대두에 함유된 노란 색소를 이루는 이소플라본은 항암 성분으로 최근 각광을 받고 있는 생리 활성 물질이다. 두부는 고려 말 원나라로부터 전래되었지만, 우리나라의 두부 만드는 솜씨가 뛰어나 다시 중국과 일본에 그 기술을 전해주었다는 기록이 전해진다.

19

요 / 구 / 사 / 항

가. 두부는 0.8×3×4.5㎝로 잘라 지져서 사용하시오.

나. 8쪽을 제출하고, 촉촉하게 보이도록 국물을 약간 끼얹어 내시오.

다. 실고추와 파채를 고명으로 얹으시오.

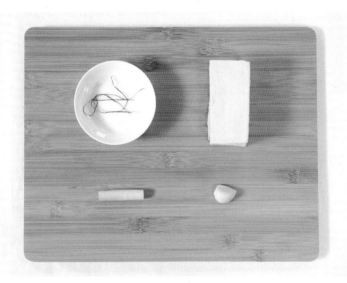

지 / 급 / 재 / 료 / 목 / 록

두부	200g	참기름	5㎖
대파(흰 부분 4cm)	1토막	백설탕	5g
마늘(중, 깐 것)	1쪽	소금(정제염)	5g
실고추	1g	식용유	30㎖
검은 후춧가루	1g	깨소금	5g
진간장	15㎖		

수험자 유의사항

● 두부가 부서지지 않고 질기지 않게 한다.

● 조림은 색깔이 좋고 윤기가 나도록 한다.

감독자 시선 POINT

● 두부의 크기가 요구사항과 같으며, 수량은 부족하지 않은가?

● 두부가 골고루 노릇하게 팬에 지져졌는가?

● 양념이 윤기가 나도록 졸여졌는가?

만드는 방법

1_양념 준비하기

마늘은 곱게 다지고, 대파의 반은 2cm로 잘라 채 썰고, 나머지는 곱게 다진다.

2_재료 준비하기

두부는 씻어서 물기를 제거한다. 두부는 3×4.5×0.8cm 크기의 직사각형 모양으로 썰어 소금을 뿌려둔다.

유용한 TIP ● 두부를 소금에 절여야 단단하여 지질 때 부서지지 않아요.

3_양념장 만들기

진간장 1큰술, 설탕 1작은술, 다진 파 1작은술, 다진 마늘 1/2작은술, 소금 1/2작은술, 참기름 1/2작은술, 후춧가루 약간, 물 50g을 섞는다.

4_고명 준비하기

실고추는 2cm로 자른다.

5_두부 부쳐내기

물기 거둔 두부를 팬에 기름을 두르고 기름이 뜨거워지면 두부의 앞뒤를 노릇하게 지져낸다.

유용한 TIP ● 두부의 앞뒤 면이 골고루 익도록 부쳐내요.

6_두부 조리기

냄비에 두부를 옮겨 준비한 양념장을 골고루 얹어 은근한 불에서 천천히 윤기나게 조리다가 채 썬 흰 대파와 실고추를 고명으로 얹고 파가 익도록 잠시 뚜껑을 덮었다가 조림 국물 3수저가 남으면 조림을 마친다.

유용한 TIP ● 냄비 뚜껑을 열고 졸여야 윤기가 나요.

7_완성하기

완성된 두부조림을 접시에 담아 제출한다.

유용한 TIP ● 제출 두부의 크기가 균일하게 보이도록 담아 제출해요.

양념 준비하기　　재료 준비하기　　양념장 만들기　　고명 준비하기　　두부 부쳐내기　　두부 조리기　　완성하기

홍합초

초(炒)는 원래 볶는다는 뜻이지만 우리 조리법에서는 조리다가 나중에 녹말을 풀어 국물이 엉기게 하며 대체로 간은 세지 않고 달게 한다. 초의 재료로는 홍합과 전복을 가장 많이 쓴다.

요 / 구 / 사 / 항

가. 마늘과 생강은 편으로, 파는 2㎝로 써시오.

나. 홍합은 데쳐서 전량 사용하고, 촉촉하게 보이도록 국물을 끼얹어 제출하시오.

다. 잣가루를 고명으로 얹으시오.

지 / 급 / 재 / 료 / 목 / 록

재료	수량	재료	수량
생홍합(굵고 싱싱한 것, 껍질 벗긴 것)	100g	**진간장**	40㎖
대파(흰 부분 4㎝)	1토막	**참기름**	5㎖
마늘(중, 깐 것)	2쪽	**백설탕**	10g
생강	15g	**잣**(깐 것)	5개
검은 후춧가루	2g		

수험자 유의사항

● 홍합을 깨끗이 손질하도록 한다.

● 조려진 홍합이 너무 질기지 않아야 한다.

감독자 시선 POINT

● 홍합 손질은 하였는지?

● 홍합은 데쳐서 사용했는지?

● 홍합의 크기가 적당하고 질기지 않은지?

● 홍합조림이 윤기나게 잘 조려졌는지?

만드는 방법

1_재료 준비하기

생홍합은 잔털과 이물질 등을 정리하고 소금물에 흔들어 씻는다.

2_재료 썰기

파는 2㎝ 길이로 썰고 마늘, 생강은 0.2㎝ 두께의 편으로 썰어 둔다.

3_재료 데치기

손질한 홍합은 끓는 물에 살짝 데친다.

> 유용한 TIP ● 생홍합을 너무 오래 데치면 질겨지고 알이 작아지니 데치는 시간에 유의해요.

4_조림장 만들기

진간장 1큰술, 설탕 1작은술, 참기름 1/2작은술, 후춧가루 조금, 물 50g을 섞은 조림장을 만든다.

> 유용한 TIP ● 조림장 만들 때 설탕량을 증량하고 뚜껑을 열어 조려야 윤기가 나요.

5_조림하기

냄비에 조림장을 넣고 마늘편, 생강편을 넣어 조리다가 데친 홍합과 파를 넣어 약한 불에서 국물을 끼얹어가며 윤기나게 조린다.

유용한 TIP ● 홍합을 조릴 때는 조림장을 끓이다가 생강, 마늘을 넣고 조린 후에 홍합을 넣어야 홍합이 질기지 않아요.

6_잣가루 만들기

잣을 종이 위에 놓고 곱게 다져 보슬보슬한 잣가루를 만든다.

유용한 TIP ● 잣을 잘게 다질 때는 종이 위나 마른 도마 위에서 다져야 고슬고슬해요.

7_완성하기

제출 접시에 홍합초를 담고 국물을 약간 끼얹고 잣가루를 위에 뿌려 낸다.

재료 준비하기　　재료 썰기　　재료 데치기　　조림장 만들기　　조림하기　　잣가루 만들기　　완성하기

겨자채

조리시간
35분

겨자냉채는 익히지 않고 날로 무친 나물을 의미하며 계절마다 나오는 싱싱한 채소들을 익히지 않고 겨자장으로 무친 일반적인 반찬이다. 채소를 생것으로 먹는 생채는 자연의 색, 향, 맛을 그대로 느낄 수 있으며, 씹을 때의 아삭아삭한 촉감과 신선한 맛을 느끼게 되는 것이 특징이다.

요 / 구 / 사 / 항

가. 채소, 편육, 황·백지단, 배는 0.3×1×4㎝로 써시오.

나. 밤은 모양대로 납작하게 써시오.

다. 겨자는 발효시켜 매운맛이 나도록 하여 간을 맞춘 후 재료를 무쳐서 담고, 통잣을 고명으로 올리시오.

지 / 급 / 재 / 료 / 목 / 록

양배추(5㎝)	50g	**백설탕**	20g
오이(가늘고 곧은 것 20㎝ 정도)	1/3개	**잣**(깐 것)	5개
당근(곧은 것, 길이 7㎝ 정도)	50g	**소금**(정제염)	5g
소고기(살코기 5㎝)	50g	**식초**	10㎖
밤(생 것, 껍질 깐 것)	2개	**진간장**	5㎖
달걀	1개	**겨잣가루**	6g
배(길이로 등분 50g)	1/8개	**식용유**	10㎖

감독자 시선 POINT

● 겨자는 충분한 시간을 두고 발효시켜 매운맛을 내었는지?

● 겨자냉채에 겨자장이 골고루 묻히도록 했는지?

● 전 재료가 아삭하게 보였는지?

만드는 방법

1_재료 손질하기

양배추, 오이, 당근은 폭 1㎝, 길이 4㎝, 두께 0.3㎝ 크기로 썰어 찬물에 담가 아삭하게 한 후 체로 건져 물기를 제거한다. 밤은 0.3㎝ 두께로 납작하게 썰고, 배는 채소와 같은 크기로 썰어 설탕물에 담갔다 건져 물기를 제거한다.

> **유용한 TIP**
> - 모든 채소는 요구사항대로 자른 후 찬물에 담갔다가 꺼내어 무쳐야 아삭 거리는 식감을 유지할 수 있어요.
> - 밤과 배는 갈변되지 않도록 설탕물에 담가두어요.

2_소고기 편육 만들기

냄비의 물이 끓으면 고기를 덩어리째 넣고 삶아 잠시 식혀서 폭 1㎝, 길이 4㎝, 두께 0.3㎝ 크기로 썬다.

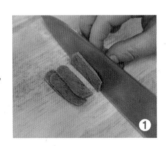

3_지단 부치기

달걀을 황·백으로 분리해서 지단을 조금 도톰하게 부친 후 폭 1㎝, 길이 4㎝, 두께 0.3㎝ 크기로 썬다.

4_겨자 발효시키기

미지근한 물과 동량의 겨자분을 넣어 되직하게 갠 후 랩으로 감싸고 냄비 뚜껑의 위에 엎어서 매운맛이 나도록 7분 정도 발효시킨다. 발효시킨 겨자는 설탕, 식초, 소금, 간장을 넣어 겨자소스를 만든다.

유용한 TIP ● 겨자를 발효시킬 때는 시간절약을 위해서 편육 삶을 때 냄비 뚜껑에 엎어 발효시켜요.

5_통잣 준비하기

잣은 고깔을 떼어낸 후 통잣을 만든다.

6_재료 버무리기

준비한 재료들은 물기를 닦고 내기 직전에 겨자소스를 골고루 버무린다.

유용한 TIP ● 물기 제거를 잘 해야 겨자소스가 골고루 묻어요.

7_완성하기

제출 접시에 겨자채를 올리고 위에 통잣을 올려 낸다.

 ① ② ③ ④ ⑤ ⑥ ⑦

재료 손질하기　소고기 편육 만들기　지단 부치기　겨자 발효시키기　통잣 준비하기　재료 버무리기　완성하기

도라지생채

조리시간
—
15분

도라지는 모양이 인삼과 비슷하고 인삼처럼 사포닌이 들어 있지만, 효능이 약간 다르다. 도라지에 들어 있는 사포닌은 기관지 점막의 분비 작용을 도와 가래를 없애준다. 이외에도 이눌린 등의 성분은 기침, 가래, 해열 등에 효과가 있다고 한다.

22

요 / 구 / 사 / 항

가. 도라지는 0.3×0.3×6㎝로 써시오.
나. 생채는 고추장과 고춧가루 양념으로 무쳐 제출하시오.

지 / 급 / 재 / 료 / 목 / 록

통도라지(껍질 있는 것)	3개	**대파**(흰 부분 4㎝ 정도)	1토막
소금(정제염)	5g	**마늘**(중, 깐 것)	1쪽
고추장	20g	**깨소금**	5g
백설탕	10g	**고춧가루**	10g
식초	15㎖		

감독자 시선 POINT

● 도라지의 쓴맛을 제거하기 위하여 전처리를 하였는가?
● 도라지의 채 크기가 균일한가?
● 골고루 양념이 무쳐졌는가?

만드는 방법

1_양념 다지기

대파와 마늘을 곱게 다진다.

2_재료 준비하기

도라지는 세척 후 윗부분을 잘라
내고 껍질을 돌려가며 벗긴다.

3_재료 썰기

손질한 도라지는 편으로 얄팍하
게 썬 후 0.3×0.3×6㎝ 크기로 균
일하게 채를 썰어 준다.

> 유용한 TIP ● 도라지는 껍질을 벗겨 편으로 썬 후 채를 썰어야 얇게 썰어져요.

4_도라지 쓴맛 제거하기

채 썬 도라지는 소금물에 담가 쓴
맛을 제거한다.

> 유용한 TIP ● 쓴맛을 제거하기 위해서는 소금물에 일정 시간 담가야 하며 양념에 무칠
> 때는 물기를 완전히 제거하고 무친다.

5_양념하기

고춧가루, 고추장, 소금, 식초, 설탕, 파, 마늘, 깨소금을 섞는다.

6_재료 무치기

물기를 제거한 도라지에 준비한 양념장을 섞어 무친다.

7_완성하기

완성한 도라지생채를 물기가 생기지 않도록 주의하여 제출 접시에 담아낸다.

유용한 TIP ● 시험볼 때 두 가지 품목이므로 생채는 제출 직전 버무리는 것이 유용해요.

①	②	③	④	⑤	⑥	⑦
양념 다지기	재료 준비하기	재료 썰기	도라지 쓴맛 제거하기	양념하기	재료 무치기	완성하기

무생채

조리시간
15분

예부터 무를 많이 먹으면 속병이 없다고 할 정도로 무는 위장병에 좋은 식품이다. 무에는 주성분인 양질의 수분과 다량의 비타민 C와 A, 그리고 여러 효소가 들어 있기 때문이다. 또한 무는 뛰어난 천연 변비약이기도 하다. 무로 만든 음식 중 김치류 다음으로 가장 많이 만드는 것이 무생채이다. 새콤달콤하게 무쳐 반찬으로 내면 없던 입맛도 살아난다.

23

요 / 구 / 사 / 항

가. 무는 0.2×0.2×6㎝ 크기로 채 써시오.

나. 생채는 고춧가루를 사용하시오.

다. 무생채는 70g 이상 제출하시오.

지 / 급 / 재 / 료 / 목 / 록

무(7cm)	120g	**대파**(흰 부분 4cm)	1토막
소금(정제염)	5g	**마늘**(중, 깐 것)	1쪽
고춧가루	10g	**깨소금**	5g
백설탕	10g	**생강**	5g
식초	5㎖		

 **만드는 방법**

1_양념 다지기

대파와 마늘, 생강을 곱게 다진다.

2_재료 준비하기

무는 세척하여 껍질을 벗겨 준다.

3_재료 썰기

무는 0.2×0.2×6㎝ 크기로 균일하게 채를 썰어 준다.

(유용한 TIP) ▶ ● 얄팍하게 썬 무를 2~3장 겹쳐서 채를 썰어야 굵기가 균일해요.

4_양념하기

고춧가루를 제외한 소금, 식초, 설탕, 파, 마늘, 생강, 깨소금을 섞는다.

(유용한 TIP) ▶ ● 설탕 2와 식초 1의 배합에 유의하여 양념을 만든다.

5_재료 무치기

채 썬 무에 고춧가루로 먼저 색을
낸 후 나머지 양념으로 간을 한다.

유용한 TIP ● 양념을 섞기 전 고춧가루 물을 들여주는 것이 고추물이 잘 들어요.

6_완성하기

완성한 무생채를 제출 접시에 담
아낸다.

① 양념 다지기   ② 재료 준비하기   ③ 재료 썰기   ④ 양념하기   ⑤ 재료 무치기   ⑥ 완성하기

더덕생채

**조리시간
20분**

뿌리 채소의 하나인 더덕으로 음식을 만들려면 우선 창칼로 껍질을 말끔히 벗겨내고 물에 잠시 담가두어 쓴맛을 우려내야 한다. 생채를 하려면 가늘게 뜯은 것에 고운 고춧가루를 넣어 발그스름하게 무치고 나서 곱게 다진 파, 마늘, 소금, 설탕, 식초 등을 넣어 무친다. 입맛이 없을 때 산뜻한 찬이다.

24

요 / 구 / 사 / 항

가. 더덕은 5cm 정도의 길이로 썰어 두들겨 편 후 찢어서 쓴맛을 제거하여 사용하시오.

나. 고춧가루로 양념하고, 전량 제출하시오.

지 / 급 / 재 / 료 / 목 / 록

재료	수량	재료	수량
통더덕(껍질 있는 것 10~15cm)	2개	**고춧가루**	20g
대파(흰 부분 4cm)	1토막	**백설탕**	5g
마늘(중, 깐 것)	1쪽	**식초**	5mℓ
소금(정제염)	5g	**깨소금**	5g

수험자 유의사항

- 더덕을 두드릴 때 부스러지지 않도록 한다.
- 무치기 전에 쓴맛을 빼도록 한다.
- 무쳐진 상태가 깨끗하고 빛이 고와야 한다.

감독자 시선 POINT

- 더덕의 쓴맛을 소금물로 전처리하였는가?
- 더덕이 부스러지지 않고 가늘고 길게 찢어졌는가?
- 더덕생채 양념이 골고루 묻어 있는가?

만드는 방법

1_양념 다지기

대파와 마늘을 곱게 다진다.

2_재료 준비하기

통더덕은 세척 후 윗부분을 잘라
내고 껍질을 돌려가며 벗긴다.

유용한 TIP ▶ ● 통더덕을 씻을 때는 먼저 겉에 묻어 있는 이물질을 물로 문질러 씻은
후 껍질을 벗겨 사용하면 손에 흙이 달라붙지 않아 손질하기 편해요.

3_재료 썰기 및 쓴맛 제거하기

손질한 더덕은 5㎝로 잘라 편으
로 썬다.

4_더덕 쓴맛 제거하기

편으로 썬 더덕은 소금물에 충분
히 담가 쓴맛을 제거한다. 쓴맛이
제거되면 건져 물기를 제거하여 밀
대로 밀어 편 후 가늘게 찢어준다.

유용한 TIP ▶ ● 소금물에 충분히 절이지 않으면 더덕이 부스러져서 지저분해요.

5_양념하기

고춧가루, 소금, 식초, 설탕, 파,
마늘, 깨소금을 섞는다.

6_재료 무치기

가늘고 길게 찢은 더덕에 준비한
양념장을 섞어 무친다.

유용한 TIP ● 생채는 제출 직전에 무쳐내야 물기가 생기지 않아요.

7_완성하기

완성한 더덕생채를 제출 접시에
담아낸다.

1	2	3	4	5	6	7
양념 다지기	재료 준비하기	재료 썰기 및 쓴맛 제거하기	더덕 쓴맛 제거하기	양념하기	재료 무치기	완성하기

육회

고기회 중 가장 많이 먹는 것은 소고기로 만든 육회이다. 적합한 고기 부위는 기름기가 적고 부드러운 우둔살이나 대접살이다. 「조선요리제법」에도 육회는 우둔살이 제일이요, 그다음은 대접살이고 그 외 홍두깨살은 결이 굵고 흰 색깔이 나서 못 쓰고 안심은 연하기는 하나 시큼하며, 설깃살은 더욱 좋지 않다고 했다. 육회는 고기를 가늘게 채 썰어 간장, 설탕, 다진 파, 마늘, 참기름으로 양념하여 채 썬 배, 저민 마늘과 함께 먹는다. 배에는 단백질 분해효소가 있어 고기를 부드럽게 할 뿐만 아니라 단맛도 있어 육회와 잘 어울린다. 육회는 단독으로 먹기도 하지만 비빔밥의 재료로도 쓰이는데 전주비빔밥은 육회를 곁들여 내는 것이 특징이다.

25

요 / 구 / 사 / 항

가. 소고기는 0.3×0.3×6cm로 썰어 소금 양념으로 하시오.

나. 배는 0.3×0.3×5cm로 변색되지 않게 하여 가장자리에 돌려 담으시오.

다. 마늘은 편으로 썰어 장식하고 잣가루를 고명으로 얹으시오.

라. 소고기는 손질하여 전량 사용하시오.

지 / 급 / 재 / 료 / 목 / 록

소고기(살코기)	90g	마늘(중, 깐 것)	3쪽
배(100g)	1/4개	검은 후춧가루	2g
잣(깐 것)	5개	참기름	10㎖
소금(정제염)	5g	백설탕	30g
대파(흰 부분 4cm)	2토막	깨소금	5g

수험자 유의사항

● 소고기의 채를 고르게 썬다.

● 배와 양념한 소고기의 변색에 유의한다.

감독자 시선 POINT

● 소고기의 채를 잘 썰었는지?

● 배를 채 썰어 설탕물에 담갔는지?

● 배에 고기의 핏물이 내려왔는지?

● 배와 소고기에 변색이 발생했는지?

만드는 방법

1_양념 준비하기

마늘 2알은 편으로 썰고 1알은 곱게 다진다. 대파도 곱게 다진다.

2_재료 손질하기

배는 껍질을 벗겨 폭 0.3㎝, 두께 0.3㎝, 길이 4㎝ 크기로 썰어 설탕물에 담가 놓는다.

유용한 TIP ● 배를 설탕물에 담가야 변색이 되지 않아요.

3_소고기 썰기

소고기는 핏물을 제거하고 기름을 제거한 후 얇게 저며 0.3×0.3×6㎝로 썰어 준비한다.

유용한 TIP ● 고기는 결 반대로 썰어야 부드러워요.

4_소고기 양념하기

채 썬 소고기에 소금, 설탕, 다진 파, 다진 마늘, 깨소금, 후추, 참기름을 넣어 무친다.

유용한 TIP ● 소고기에 양념은 간장이 아닌 소금으로 간해요.
● 소고기에 설탕을 첨가하면 갈변이 방지되고, 마늘은 최소량만 넣어 주어요.

5_잣소금 만들기

잣은 고깔을 떼고 종이 위에 올
려 곱게 다져 보슬보슬한 가루로
준비한다.

6_접시에 돌려 담기

설탕물에 담근 배를 체에 받쳐 물
기를 없애고 접시의 가장자리에
돌려 담는다. 편으로 썬 마늘을
배 위로 살짝 올려 담은 다음 위
에 양념한 소고기를 얹는다.

유용한 TIP ● 지급된 배의 양에 따라 접시에 둘러 담는 모양을 선택해요.

7_완성하기

완성된 육회 위에 고명으로 잣가
루를 뿌려서 제출한다.

유용한 TIP ● 배의 양을 봐서 3가지 중에서 선택하여 접시에 둘러 담는다.

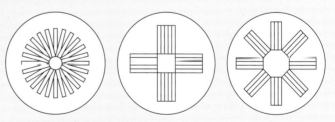

1	2	3	4	5	6	7
양념 준비하기	재료 손질하기	소고기 썰기	소고기 양념하기	잣소금 만들기	접시에 돌려 담기	완성하기

미나리강회

조리시간
35분

강회란 숙회(熟膾)의 일종으로 미나리나 파와 같은 채소를 소금물에 데친 다음, 다른 채소와 함께 말아놓은 것으로, 연한 미나리를 데쳐 달걀지단, 편육이나 소고기볶음, 버섯 등을 가늘게 채 썰어서 미나리에 끼워 예쁘게 말아 초고추장에 찍어 먹는 사월 초파일 음식이다. 미나리와 같은 방식으로 파를 이용한 음식을 '파강회'라고도 한다.

요 / 구 / 사 / 항

가. 강회의 폭은 1.5㎝, 길이는 5㎝ 정도로 하시오.

나. 붉은 고추의 폭은 0.5㎝, 길이는 4㎝ 정도로 하시오.

다. 강회는 8개 만들어 초고추장과 함께 제출하시오.

라. 달걀은 황·백지단으로 사용하시오.

지 / 급 / 재 / 료 / 목 / 록

소고기(살코기 7㎝)	80g	**식초**	5㎖
미나리(줄기)	30g	**백설탕**	5g
홍고추(생)	1개	**소금**(정제염)	5g
달걀	2개	**식용유**	10㎖
고추장	15g		

 **만드는 방법**

1_재료 준비하기

미나리는 잎을 떼 내고 줄기 부분
만 사용한다. 홍고추는 반으로 갈
라 씨를 빼고, 폭 0.5㎝, 길이 4㎝
로 썰어 8개 준비한다.

2_미나리 데치기

끓는 물에 소금을 넣고 미나리를
데쳐 찬물에 헹군 후 물기를 제거
한 후 8개를 준비한다.

> **유용한 TIP**
>
> ● 미나리 굵기를 보아 반으로 갈라 사용해요.

3_소고기 편육 삶기

소고기는 핏물을 제거한 후 끓는
물에 덩어리째 삶아서 식으면 폭
1.5㎝, 두께 0.3㎝, 길이 5㎝ 정도
로 썬다.

> **유용한 TIP**
>
> ● 소고기 편육은 끓는 물에 삶아야 해요.
>
> ● 삶아낸 편육이 반듯하지 않으면 뜨거울 때 소창에 싸서
>   도마 밑에 눌러두면 반듯해져서 썰기가 편해요.

4_ 지단 부치기

달걀은 황·백으로 분리하여 소금을 조금 넣고 체에 내려 도톰하게 지단을 부쳐 1.5×5㎝의 길이로 8개 준비한다.

유용한 TIP

● 강회에 사용하는 지단은 도톰하게 부쳐야 부서지지 않아요.

5_ 강회 만들기

편육, 황·백지단, 홍고추를 함께 잡고 가운데 부분을 미나리로 3번 정도 감아준다.

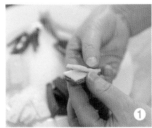

유용한 TIP

● 8개 강회의 재료 순서를 동일하게 해줘야 조화롭게 보여요.
● 강회 끝부분 매듭은 풀리지 않도록 꼬치를 이용하여 끼워주면 좋아요.

6_ 초고추장 만들기

고추장 1큰술, 식초 1작은술, 설탕 1작은술을 합하여 초고추장을 만든다.

7_ 완성하기

제출 접시에 미나리강회 8개와 초고추장을 곁들여 제출한다.

 재료 준비하기　 미나리 데치기　 소고기 편육 삶기　 지단 부치기　 강회 만들기　 초고추장 만들기　완성하기

탕평채

조리시간
35분

탕평채는 채 썬 녹두묵과 채소들을 섞어 양념해 무치는 잡채로 역사적인 이야기가 담겨 있다. 조선조 영조 때의 문신 송인명은 기지와 정략이 뛰어났는데 어느 날 저자 앞을 지나다 청포에다 고기와 채소를 섞어 파는 것을 보고 깨달아 사색을 섞는 일로서 탕평 사업으로 삼고자 이 나물을 탕평채라 했다는 것이다. 그는 탕평론을 주장하고 노소 양론을 조정하여 임금의 신임을 받았다고 한다. 그래서 녹두묵 무침을 탕평채라 한다.

27

요 / 구 / 사 / 항

가. 청포묵의 크기는 0.4×0.4×6cm로 썰어 데쳐서 사용하시오.

나. 모든 부재료의 길이는 4~5cm로 써시오.

다. 소고기, 미나리, 거두절미한 숙주는 각각 조리하여 청포묵과 함께 초간장으로 무쳐서 담으시오.

라. 황·백지단은 4cm 길이로 채 썰고, 김은 구워서 부셔서 고명으로 얹으시오.

지 / 급 / 재 / 료 / 목 / 록

청포묵(6cm)	150g	**진간장**	20㎖
숙주(생것)	20g	**검은 후춧가루**	1g
소고기(살코기 5cm)	20g	**참기름**	5㎖
미나리(줄기)	10g	**백설탕**	5g
달걀	1개	**깨소금**	5g
김	1/4장	**식초**	5㎖
대파(흰 부분 4cm)	1토막	**소금**(정제염)	5g
마늘(중, 깐 것)	2쪽	**식용유**	10㎖

수험자 유의사항

● 숙주는 거두절미하고, 미나리는 다듬어 데친다.

감독자 시선 POINT

● 숙주는 거두절미하여 데쳤는가?
● 미나리는 다듬어 데쳤는가?
● 청포묵을 투명하게 데쳐냈나?
● 데쳐낸 청포묵에 간을 했는지?
● 달걀 지단을 매끄럽게 부쳤는지?
● 탕평채를 조화롭게 담아냈는지?

1_양념 다지기

마늘과 대파를 곱게 다진다.

2_재료 손질하기

청포묵은 길이 6㎝, 두께와 폭은 0.4㎝로 썬다. 숙주는 거두절미하고 미나리는 다듬어 씻는다. 소고기는 핏물을 제거한 후 길이 5㎝, 두께와 폭은 0.3㎝로 채 썬다.

3_재료 데치기

청포묵은 데쳐내어 소금, 참기름으로 간한다. 숙주, 미나리는 소금을 첨가한 끓는 물에 살짝 데친 후 찬물에 헹궈 물기를 제거한다.

┌─ 유용한 TIP ─┐

● 청포묵은 투명하도록 끓는 물에 데쳐내고, 즉시 간을 하면 서로 달라붙지 않아요.

● 숙주를 거두절미하라는 말은 숙주의 머리와 꼬리 부분을 떼어내라는 말이예요.

4_초간장 만들기

진간장1:식초1/2:설탕1/2:물1을 합하여 초간장을 만든다.

5_지단 부치기

달걀은 황·백으로 나누어 약간의 간을 한 후 지단을 부쳐 4㎝ 길이로 채 썬다.

6_김 굽기 및 재료 볶기

김은 바삭하게 구워서 잘게 부순다. 채 썬 소고기는 간장, 설탕, 마늘, 파, 깨소금, 참기름, 후추로 간하여 팬에 볶는다.

유용한 TIP ● 김은 직접 불꽃에 굽기보다는 팬이나 석쇠를 이용하여 구워요.

7_재료 버무리기

데쳐낸 채소와 소고기를 합하여 초간장으로 무치고 청포묵은 부서지지 않도록 살짝 버무려 그릇에 담는다.

유용한 TIP ● 초간장에 버무린 후 여분의 간장은 제거하고 그릇에 담아주면 깔끔해요.

8_완성하기

구운 김과 황·백지단 채를 고명으로 마무리한다.

양념 다지기 　재료 손질하기 　재료 데치기 　초간장 만들기 　지단 부치기 　김 굽기 및 재료 볶기 　재료 버무리기 　완성하기

숙채 요리

잡채

조리시간
35분

잡채는 여러 가지 제철 채소와 고기, 버섯 등을 고루 섞어서 색과 맛, 그리고 영양까지 높인 음식으로 흔히 만드는 당면 위주의 잡채와는 아주 다르다. 당면의 양도 다른 재료들과 같은 양으로 조절해야 한다. 조리과정도 색이 변하지 않고 영양 손실을 최소화하는 지혜를 담고 있다.

28

요 / 구 / 사 / 항

가. 소고기, 양파, 오이, 당근, 도라지, 표고버섯은 0.3×0.3×6cm 정도로 썰어 사용하시오.

나. 숙주는 데치고 목이버섯은 찢어서 사용하시오.

다. 당면은 삶아서 유장 처리하여 볶으시오.

라. 황·백지단은 0.2×0.2×4cm 크기로 채 썰어 고명으로 얹으시오.

지 / 급 / 재 / 료 / 목 / 록

당면	20g	대파(흰 부분 4cm)	1토막
숙주(생 것)	20g	마늘(중, 깐 것)	2쪽
소고기(살코기 7cm)	30g	달걀	1개
건표고버섯(지름 5cm 정도, 물에 불린 것) 1개		진간장	20mℓ
건목이버섯(지름 5cm 정도, 물에 불린 것) 2개		참기름	5mℓ
양파(중, 150g 정도)	1/3개	식용유	50mℓ
오이(가늘고 곧은 것 20cm 정도) 1/3개		깨소금	5g
당근(7cm)	50g	검은 후춧가루	1g
통도라지(껍질 있는 것 20cm)	1개	소금(정제염)	15g
백설탕	10g		

수험자 유의사항

● 주어진 재료는 굵기와 길이를 일정하게 한다.

● 당면은 알맞게 삶아서 간한다.

● 모든 재료는 양과 색깔의 배합에 유의한다.

감독자 시선 POINT

● 잡채에 들어가는 부재료의 크기가 균일 한지?

● 재료들의 전처리가 잘 되었는지?

● 당면이 불지 않았는지?

● 잡채의 색이 알맞은지?

만드는 방법

1_양념 다지기

마늘과 파를 곱게 다진다.

2_재료 준비하기 1

숙주는 거두절미하고, 오이와 당근은 돌려깎기하여 0.3㎝ 두께, 6㎝ 길이로 채 썰고, 양파는 6㎝ 길이로 채 썬다.

유용한 TIP ─ ● 숙주의 윗부분인 머리와 꼬리부분을 다듬어 사용해요.

3_재료 준비하기 2

도라지는 껍질을 벗겨 6㎝ 길이로 채 썬 후 소금물에 담가 쓴맛을 제거한다.

유용한 TIP ─ ● 도라지는 소금물에 담가 쓴맛을 우려낸 후 사용한다.

4_재료 준비하기 3

소고기는 핏물을 제거한 후 길이
대로 채 썰고, 표고버섯도 같은
크기로 채 썰고 목이버섯은 잘게
찢어 준비한다.

5_재료에 양념하기

소고기와 버섯은 간장, 설탕, 마
늘, 파, 설탕, 깨소금, 참기름, 후
추로 간하고 당근과 오이, 양파는
소금으로 간한다. 데친 숙주는 소
금, 참기름으로 간한다.

6_지단 부치기

달걀은 황·백으로 나누어 지단을
부쳐 0.2×0.2×4㎝ 크기로 채 썬다.

7_재료 데치기

손질한 숙주는 끓는 물에 삶아
찬물에 헹궈 물기를 제거한다.

만드는 방법

8_당면 삶기

당면은 끓는 물에 삶아 식힌 후 적당한 길이로 잘라 간장, 참기름으로 유장 처리한다.

유용한 TIP ● 당면은 찬물에 불렸다가 삶아야 빨리 익으며, 삶은 당면은 체에 담아 물기를 제거한 후 유장 처리한다. 삶은 당면을 찬물에 헹구지 않아요.

9_재료 볶기

팬에 기름을 두르고 양파, 도라지, 오이, 당근, 버섯류, 소고기 순으로 각각 볶아낸다.

유용한 TIP ● 재료를 볶을 때 밝은색부터 볶아내면 재료의 색도 선명하고, 팬을 여러 번 닦지 않아도 되므로 시간이 절약되어요.

10_전 재료 섞기

볶아 놓은 재료와 볶은 당면을 한데 합해 마지막 참기름으로 골고루 버무린다.

유용한 TIP ▷ ● 잡채의 색깔이 약하면 간장, 설탕, 참기름을 추가로 첨가해요.

11_완성하기

제출 접시에 섞은 전 재료를 보기 좋게 담고 위에 고명으로 달걀 황·백지단 채 썬 것을 올린다.

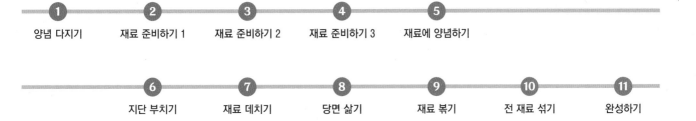

① 양념 다지기　② 재료 준비하기 1　③ 재료 준비하기 2　④ 재료 준비하기 3　⑤ 재료에 양념하기

⑥ 지단 부치기　⑦ 재료 데치기　⑧ 당면 삶기　⑨ 재료 볶기　⑩ 전 재료 섞기　⑪ 완성하기

칠절판

칠절판의 원래 음식은 구절판이라는 밀쌈이라고 지칭되는 음식에 근간을 두고 있으며, 우리의 고유한 오방색인 노란색, 붉은색, 녹색, 흰색, 검은색을 나타내는 대표적인 음식이다. 보기에만 좋은 음식이 아니라 맛도 훌륭하고 만든 이의 정성이 그대로 나타나는 음식이다.

29

요 / 구 / 사 / 항

가. 밀전병은 직경 8㎝가 되도록 6개를 만드시오.

나. 채소와 황·백지단, 소고기의 크기는 0.2×0.2×5㎝ 정도로 써시오.

다. 석이버섯은 곱게 채를 써시오.

지 / 급 / 재 / 료 / 목 / 록

소고기(살코기 6㎝)	50g	**진간장**	20㎖
오이(가늘고 곧은 것 20㎝ 정도)	1/2개	**참기름**	10㎖
당근(곧은 것, 길이 7㎝ 정도)	50g	**검은 후춧가루**	1g
달걀	1개	**백설탕**	10g
석이버섯(부서지지 않은 것, 마른 것)	5g	**깨소금**	5g
밀가루(중력분)	50g	**식용유**	30㎖
대파(흰 부분 4㎝)	1토막	**소금**(정제염)	10g
마늘(중, 깐 것)	2쪽		

수험자 유의사항

● 밀전병의 반죽 상태에 유의한다.

● 완성된 채소 색깔에 유의한다.

감독자 시선 POINT

● 밀전병은 얇게 부쳐졌는지?

● 칠절판 재료들의 색이 선명한지?

● 전 재료의 양이 적정한지?

만드는 방법

1_양념 다지기

마늘과 파를 곱게 다진다.

2_재료 준비하기

오이는 소금으로 문질러 씻은 후 5㎝ 길이와 0.2㎝ 두께로 채 썰어 소금물에 절이고, 당근도 같은 크기로 채 썬다. 소고기는 핏물 제거 후 0.2㎝ 두께로 가늘게 채 썬다. 물에 석이버섯을 불린 후 이끼를 제거하고 말아서 곱게 채 썬다.

3_양념하기

채 썬 소고기는 간장, 마늘, 파, 설탕, 깨소금, 참기름, 후추로 간을 하고 석이버섯은 소금, 참기름으로 간한다.

4_밀전병 준비하기

밀가루 5큰술에 물 6큰술을 섞고 소금을 약간 넣어 멍울이 없이 잘 풀어서 체에 걸러 둔다.

유용한 TIP

● 밀전병 반죽은 미리 해놓아야 숙성이 되어 잘 찢어지지 않으며, 1개 분량은 2/3큰술 정도가 적당하다.

5_밀전병 부치기

팬에 식용유를 조금 두르고 약불에서 밀전병을 직경 8㎝로 6개 부친다.

6_지단 부치기 및 재료 볶기

달걀은 황·백으로 나누어 얇고 넓게 부쳐 0.2×0.2×5㎝로 채 썬다. 팬에 식용유를 두르고 달궈지면 오이, 당근, 소고기, 석이버섯 순으로 볶는다.

7_완성하기

접시 중앙에 밀전병을 놓고 볶아낸 재료들을 색 맞추어 돌려 담는다.

> 유용한 TIP
>
> ● 접시 가장자리에 놓이게 되는 재료들의 양은 석이버섯을 제외한 나머지는 비슷한 양으로 해야 보기 좋아요.

| 1 양념 다지기 | 2 재료 준비하기 | 3 양념하기 | 4 밀전병 준비하기 | 5 밀전병 부치기 | 6 지단 부치기 및 재료 볶기 | 7 완성하기 |

오징어볶음

조리시간
30분

오징어볶음은 채소와 오징어를 고추장 양념에 재웠다가 볶은 것으로 재료가 많이 들
어가지 않고 만드는 과정도 쉬워서 입맛이 없을 때 별미 반찬으로 만들어 먹기 좋다.

요 / 구 / 사 / 항

가. 오징어는 0.3㎝ 폭으로 어슷하게 칼집을 넣고, 크기는 4×1.5㎝ 정도로 써
시오(단, 오징어 다리는 4㎝ 길이로 자른다).

나. 고추, 파는 어슷썰기, 양파는 폭 1㎝로 써시오.

지 / 급 / 재 / 료 / 목 / 록

물오징어(250g)	1마리	백설탕	20g
소금(성세엄)	5g	깨소금	5g
대파(흰 부분 4㎝)	1토막	풋고추(5㎝ 이상)	1개
마늘(중, 깐 것)	2쪽	홍고추(생)	1개
생강	5g	양파(150g)	1/3개
검은 후춧가루	2g	고춧가루	15g
진간장	10㎖	고추장	50g
참기름	10㎖	식용유	30㎖

감독자 시선 POINT

● 오징어 손질 시 내장을 안 터트렸는가?

● 오징어는 손질 후 칼집을 종횡으로 넣어
익혔을 때 칼집이 선명한가?

● 오징어를 위생적으로 처리하였는가?

1_양념 다지기

마늘, 생강은 곱게 다진다.

2_재료 준비하기

홍고추와 풋고추, 대파는 깨끗이 씻어 준비한다.

3_재료 썰기

홍고추와 풋고추, 대파는 0.8㎝ 두께로 어슷 썰고, 양파는 폭 1㎝ 두께로 채 썬다.

4_오징어 손질하기

오징어는 먹물이 터지지 않도록 조심히 내장을 제거하고 소금을 이용하여 껍질을 깨끗이 벗겨 씻는다.

유용한 TIP
- 굵은 소금을 이용하여 오징어를 잡으면 손이 미끄러지지 않고, 껍질 벗길 때도 유용해요.
- 껍질 끝쪽에 소금을 뿌리고 칼집을 넣어 한 번에 벗기는 것이 편해요.